植物学家的
筷子和银针

史军 —— 著　　　刘春田 —— 绘

中国友谊出版公司

序

博物之书，常写常新

刘夙

上海辰山植物园工程师
科普作家，代表作有《植物名字的故事》

自从现代数理科学发展起来之后，科学知识的扩展就有了两个维度。一个维度是不断博广，记录更多的客观物体、客观现象。另一个维度则是不断纵深，提出理论解释纷呈的客观现象，再把一开始互相独立的理论用严密的逻辑连缀成为完整的理论体系。如今，纵深的维度得到了极大推崇；博广的维度如果不能和纵深结合，往往就难以获得学界的充分重视。这也就是博物学——按我的定义，就是对于感官直接能感知的低速宏观自然世界的博广之学——在今天衰落的原因。

然而对于科普书来说，博广之书却总是要比纵深之书更有趣一些。毕竟，能够介绍给公众的理论是有限的，同一主题的不同著作内容总不免有所雷同，看过一本之后，再看另一本就会觉得趣味消减了不少。与此不同，客观事物却浩如烟海，纵使你再博学，也仍然会有不知道的东西，所以博广之书比较容易做到内容新颖。我有时候连给低龄儿童写（绘）的科普书都看得津津有味，原因正在于此。

《植物学家的锅略大于银河系》是科普作家史军第一本独著的科普书。史军和我都从中科院植物所毕业，后来都走上了科普的工作岗位：写书的时候他在著名的科普网站果壳网工作，而我在上海辰山植物园供职。因为这种类似的经历，这本书里面讲的很多知识乃至传播这些知识的方法我都比较熟悉。但是我仍然被这本书深深吸引，有的时候还有不亚于一般读者的恍然大悟的感觉，这没有别的原因，就是因为植物学在很大程度上还有博物学的性质，总有你不知道的知识和故事。

　　不妨举几个例子吧。我一直想当然地以为香芋冰激凌里的"香芋"是芋头的某个品种，看了史军的书之后才知道其实是薯蓣科薯蓣属植物参薯（学名 Dioscorea alata），和芋头根本没有关系，倒是山药（薯蓣）的近亲。市场上的大青枣，原来是印度最早培育的滇刺枣（学名 Ziziphus mauritiana）品种，在此之前我也没有想过它会是不同于一般枣的另一个种。虽然我和史军都写过柑橘类水果的起源，但他查的资料更多，让我知道了柑橘杂交变异的几条规律（比如杂交后代的个头会偏向于较小的亲本一方）。

　　上面这些算是植物分类和命名方面的知识。至于和本书的内容重点——植物的营养价值和食用方法——相关的知识就更让人开眼界了。因为我对植物天然产物化学很感兴趣，还计划写一本相关的科普专著，所以摘抄了书里介绍的不少植物风味的化学成分（比如香菇的特征气味来自一种叫"五硫杂环庚烷"的物质）。而因为史军曾在中国植物多样性最丰富的云南上过学、做过多次野外考察，他对于云南地方食材（比如西双版纳的甜龙竹和臭菜，以及极令云南人自豪的野生菌菇）的介绍真的让我垂涎欲滴；我也都摘抄下来，预备以后去云南时都能品尝一下。事实上，把个人的生活经历和经验融入文章之中，正是这本书的一大特色，这样的写法让全书都洋溢着诚恳和朴实的气氛，拉近了作者和读者的距离。

史军是非常勤奋的写作者，时隔三年，他的第二本谈植物和美食的科普书又快要出版了，相信一定会延续第一本的风格，在阅读过程中不时就让人惊叹："原来如此！"我也希望所有写作带有博物学性质科普书的作者都能像史军一样，让对相关领域熟悉的读者也总能在其中读出新意，了解到自己不知道的知识。

目录

植物学家的

警!告

植物学家的
推!荐

植物学家的
私!藏

植物学家的

警！告

银 杏

* 笑里藏刀的远古小零食

我听到银杏这个名字比吃到银杏要早得多，就像银杏出现在地球上比人类种植它也早得多一样。身居黄土高原，几乎没有见到银杏真身的机会。只是偶尔从父母给姥爷买的保健品上，瞥见诸如"银杏叶保健茶"之类的字眼，总觉得这是一种神奇的仙草。单单是那扇子一样的叶片就足以让人遐想，你还见过别的什么植物有这样的叶片吗？

后来在云南求学，才亲眼见到了银杏的身姿。云南大学有一条特别的小道，叫银杏道（几乎每个大学都有一条银杏道），这条小道宽不足十步，长不足两百步，看似平平无奇，但是两旁的银杏树已近百年。早在西南联大时期，杨振宁、李政道这样的科学家就在这小道上遛过弯。不过，每到8月底，就没有人愿意去银杏道，即便经过也是脚步匆匆。因为这

*银杏（*Ginkgo biloba* ），银杏科，银杏属。
最像果子的大种子。

时的银杏道气味儿着实难闻，那是一种腐臭味儿加烧煳的橡胶味儿的复合味道，这不是因为园丁施肥施得太多了，而是因为银杏成熟了。成熟后的银杏果，好像没人知道它们后来去了哪儿。

第一次吃银杏又是多年之后的事情了，那还是在一家日式料理店，朋友点了炭烧银杏。咬开开心果一样的白色硬壳，把种仁上薄薄的"花生皮"搓干净，就可以享用淡黄绿色的银杏了。说实话，我并不觉得它的味道能扛得住盛名，既不香脆，也不清甜，那是一种介于软糯和坚硬之间的口感，就像放了一夜的糯米团。当然，味道就没有糯米团那么简单，而是渗透了淡淡苦味儿，在餐桌上，唯一的作用就是平衡生鱼片的腥与腻，若是单吃，真不算好菜。

只是，大家还是愿意去尝试这种"小果子"，因为它们身上笼罩着保健光环。

但是，服务员又会善意提醒，吃银杏要适量，否则会中毒，简直让人无所适从，银杏果到底该吃不该吃？

从鸭脚到白果

虽然银杏确实原产于中国，被誉为"植物界的大熊猫"，甚至还有人提议把它作为国树，但是银杏与人类产生交集的时间并不算长。有学者认为，国人对银杏的利用"始于秦汉，盛行于三国，扩展于唐，普及于宋"，但是在南北朝之前的典籍中几乎都找不到对银杏的记载。所谓的辉煌历史，很多都是出于学者的美好愿望罢了。以至于郭沫若先生在他的散文诗《银杏》中慨叹："我在中国的经典中找不出你的名字，我没有读过中国的诗人咏赞过你的诗。我没有看见过中国的画家描写过你的画。"

当然了，即便是拿到南北朝时候的古籍，我们也不能在上面检索出银杏这种东西。因为那个时候，这种植物的名字还是"枰"，到隋唐时期，则通称为"平仲"。不过，这些都是银杏的官方名称，文人们自然要雅致一些。而我们与银杏亲密接触的广大劳动人民则给银杏起了形象的名字——"鸭脚"。

这自然是因为它叶子的形状，而且在植物界中还真的很难找出与之类似的叶子了。细看银杏的叶脉，都是从最基部的一根分两根而来直到叶片边缘，这就是典型的二叉分支。这种形态的叶脉通常出现在蕨类植物中，在种子植物中是极少见的。再加上银杏独有的扇形叶片，即便不结果，我们也能很轻松地认出它们。至于淳朴直接的鸭脚，为什么要改名为银杏，因为它被重视起来，成为贡品了。

李时珍在《本草纲目·果部》记载道："白果，鸭脚子。原生江南，叶似鸭掌，因名鸭脚。宋初始入贡，改呼银杏，因其形似小杏而核色白也。今名白果。"正是因为被皇室看上，这种曾经只是偏安于天目山一隅的植物才得以扩展开来。

我不知道宋朝的皇室成员是如何评判银杏的味道的，但是可以肯定他们不知道采摘银杏的人会面对奇臭无比的气味儿。

银杏不是杏

每年银杏成熟的时候总会有人在树下寻觅，这也就是银杏果迅速消失的原因。虽说叫银杏，但是，树上落下的"果子"可不是银色的，它们的"果皮"是黄色，稍微挤压就流出黏黏的汁液，并且还散发出一股变质油脂般的怪味儿。剥开黄色的皮儿，才露出里面洁白的内核，看起来倒是跟杏核儿有几分相似，银杏也就因此而得名了（因为色白，所以还有个白果的别名）。

从黄色"果皮"加种核的组合来看，银杏倒是跟杏有几分相似。等等，别被银杏骗了，它们根本就不是被子植物，而是与松树柏树更亲近的裸子植物。银杏这个物种在地球上生活的时间已经超过2亿年了。

可能有人会问，之所以叫裸子植物，就是因为它们的胚珠和种子是裸露在外，没有果皮包裹的吗？可是银杏明明就是有果皮包裹的啊。其实那不是果皮，而是一层叫外种皮的结构。虽然，与果皮的来源不同，但是这层肉肉的外种皮也承担着保护种子、吸引动物传播种子的重任。

银杏果的臭味儿

说保护，一点不为过，这层肉肉的种皮中含有白果酸等化学物质，如果动物不小心吃下去，很可能会引起严重的过敏反应。所以，很少有动物敢于冒险挑战这样的"果肉"，虽然它们看起来还挺好吃的。

至于吸引动物的任务是如何完成的，你可能无法相信，还是靠这种臭味。不过，这种混合了丁酸、己酸、丁酸甲酯和己酸甲酯等物质的气味儿还真让人难以接受，长途运输香蕉的那种特殊臭味倒是跟这种气味有几分相似，都是脂肪酸分解产生出臭味的有机酸。

虽然，我们觉得不好闻，但是在红胸松鼠、灰松鼠和果子狸等动物看来，这可是开饭的信号呢。毕竟，银杏种子里可是有大量的淀粉、蛋白质和脂肪。要知道，100克的干银杏果仁中，可是含有68克淀粉、13克的蛋白质和3克脂肪。这样营养丰富的种子，又怎么会被动物们视而不见呢。

不过，不用担心，总会有银杏的种子幸存下来生根发芽，动物们不会把银杏统统吃光，因为这些种子是有毒的。

银杏果中的风险

如今，银杏果已经成为高档餐饮中的必备菜了，像白果娃娃菜、白果炖鸡，以及日式料理中的炭烧银杏果。绵软的口感，加上微甜略苦的特殊味道，让人吃过就停不下来。不过，可一定要管住自己的嘴巴。因为，那点奇怪的苦味就是银杏的警告——"内含有毒物，慎吃"。毕竟，银杏果中的营养物质是为了银杏种子发芽准备的，想从那里抢来吃，可是要冒风险的。

银杏中的氢氰酸含量可以高达 830 微克 /100 克，再加上白果酸等化学物质，让银杏变成了不好惹的种子。在著名的白果之乡——浙江长兴县，当地的人民医院记录了大量中毒的案例。对 1 岁以内的婴儿，10 粒银杏就可以致命；而 3～7 岁的儿童，在食用 30～40 粒之后也会出现中毒症状，严重的也会导致死亡。所以，银杏果并不是看上去的那么温柔，倒是处处暗藏杀机。

不过，只要不吃过量，偶尔尝尝还是可以的。前提是一定要做好处理，去除其中的氰化物和白果酸之类的毒物。为了安全起见，对家中的小朋友们来说，最好还是浅尝辄止，品个味道就好，等他们长大了再去品尝银杏独特的味道吧。

吃银杏能治病吗

说完了风险，我相信很多朋友还是会去尝试银杏的，因为银杏头顶上的治病保健光环实在是太耀眼了，口味又符合"苦味儿去火"的准则（这不是准则，可别信）。再加上 2 亿多年的古老历史，这样的植物想不迷人都难。

银杏名头虽大，但毕竟不是太上老君丹炉里面的仙丹。目前比较公认的有效成分是其中的银杏内酯。这种物质是血小板活化拮抗剂。简单来说，就是把血小板的活性降低一些。在我们体内，血小板就像守护大堤的巡视员，如果哪里的血管发生了破损，它们就会奋勇冲上去与血浆中其他蛋白质一起把破损处堵上。这本来是一个保护机制，但是对于体内存在血栓的人就不是好事儿了。当血管的内皮发生破损的时候，就会释放出凝血信号，这时血小板以为血管出现破损，就会大量地堆积到发出信号的地方。结果可想而知，本来就没有缺口的血管，硬生生被堆起了一个血小板和纤维蛋白组成的"土堆"，这就是血栓。如果堆积的时间过长，很可能阻塞血管，如果因为血栓引发血管破裂，那就麻烦了。

而银杏内酯恰恰是抑制血小板进行工作的化学物质，对于血栓患者来说，这在很大程度上能缓解症状，但是患者正常的凝血功能势必也会受到影响。究竟如何取舍，那是医生的事情，切忌盲目相信以银杏做噱头的各种保健品。

至于那些是植物则必谈的黄酮类物质，我们还是把它们放在一边吧。即便是有一些抗氧化的作用，那也最好是通过更为安全的途径来补充，而不是冒着中毒的风险，硬生生嚼下大把大把的银杏叶和银杏果。

不结银杏的雄银杏

不管怎样，人类对于银杏的需求量是越来越大了，这也许跟人类旺盛的好奇心有关吧。但是，不是所有种下的银杏树都会结银杏的。只要仔细观察一下，就会发现有些银杏树是从来都不结银杏的。它们自始至终都只是高傲地站立着，仿佛传宗接代这事儿与它们无关。

实际上，这些银杏树的工作在春天的时候就完成了，它们都是提供花粉的雄银杏树。银杏和人类一样，也是分雌雄的。别小瞧这些不会结银杏的雄树，如果不是因为它们提供花粉，那雌性银杏树也就不会结出银杏。

　　算起来，像银杏这样两性分离的植物在植物界中也不少见，比如我们熟悉的杨树和柳树、苏铁、刺柏都是雌雄异株的植物。这样做的好处，就是避免了自花授粉的发生，简单来说就是避免近亲繁殖。但付出的代价是有可能雌雄不相遇，也就不能产生生命的结晶了。还好，银杏树的寿命很长，它们有足够的时间去等待繁衍后代的那个伟大时刻。

　　银杏赖以生存的保命毒药，倒成了人类苦苦寻觅的灵丹妙药，这大概是最初第一次产生有毒物质的银杏祖先万万没想到的。

龙 葵

* 双面野葡萄

人类对甜味有种天生的依赖。于是，野地里那些甜甜的野果子，就是对发现者舌头的最佳奖赏。不过，现在的小孩就没有这种乐趣了。儿子在妈妈和奶奶的保护下，就是住在太空舱里的小外星人。"别玩那泥巴，多脏。别摘那个草，有毒的！""哎！哎！怎么把那个野果子塞嘴里了！"随着妻子的一声尖叫，儿子赶忙把我给他的几颗"野葡萄"吐到了地上。我只能摇摇头。

遥想我的童年时光，就是跟大孩子们一起野过来的。因为在药材公司的大院里，各种药用植物的种子跌落在不同的角落，于是这个大院就成了个不折不扣的药草园。不过，小伙伴们对那些草啊、藤啊的药用价值兴趣不大，我们只关心哪些能吃，哪些好吃。遗憾的是药草通常是不

* 龙葵（*Solanum nigrum*），茄科，茄属。
甜甜的野果子。

好惹的，所以主要的对象就变成了桑树上的桑葚、构树上的"红绣球"。但是这些果子的产量毕竟有限，况且还需要爬树采摘。易于采摘的"野葡萄"就成了年龄稍小点的孩子们的最爱。

其实，我一直在纳闷这野葡萄为啥就不会爬藤，反而长得一副辣椒苗的模样呢。葡萄果里只有一粒种子，但是野葡萄的籽儿却很多很多……很多年后，我才知道这种东西压根儿就不是葡萄，它的大名叫龙葵。

此葵非彼葵

虽然龙葵自始至终都只是个上不了台面的野菜，但真的有一个名中带"葵"的蔬菜统治了中华餐桌数千年，它就是曾经的百菜之王——葵。葵也叫冬寒菜、冬苋菜，论血缘倒是棉花、秋葵的亲戚。早在西周初年，这种锦葵科植物就已经活跃在餐桌上了，《诗经》中有这样的记载："七月烹葵及菽。"

之后的一千多年时间里，葵的地位不断巩固提升，到唐朝，葵已经成为餐桌上不可或缺的一部分。在元代的《王祯农书》中曾这样记载："葵为百菜之王。"这种长相如南瓜叶子的蔬菜究竟是什么味道，我尚未得知，因为它们的势力范围在大白菜兴起之后就退却了。据说它们的味道有点像目前流行的木耳菜——滑腻。滑腻之感终究与汤羹更配，显然不如脆爽的大白菜百搭，于是葵菜退缩也就不是奇怪的事情了。

龙葵跟这个葵真没有什么关系。如果说葵是任劳任怨承担餐桌重任的孺子牛，那龙葵就像随时会耍滑头的投机者。在大多数时间里，它们都是小孩口中的玩物。实际上，我们通常所说的龙葵包括了龙葵和少花龙葵两个不同的种。这些茄科植物几乎出现在欧亚大陆的每一个杂草堆里，它们的紫色野葡萄吸引着一辆又一辆传播种子的"动物快车"。

熟野葡萄才能吃

当然，龙葵结的野葡萄，不是什么时候都能吃。那些深紫色变软的龙葵果实才是我们的目标。要是不小心吃下绿色的果子，嘴唇、舌头都会发麻，那绝不是好玩的感觉。把深紫色的果实摘下，吹去上面的浮土，对着嘴巴轻轻一挤。一小股紫色的汁水冲入口腔，那是一种混合着辣椒、番茄、青草等诸多复杂味道的甜浆，其间夹杂了一些芝麻粒儿一样的种子。只是这些种子要比芝麻粒儿硬多了，并不好吃。

不得不感叹，幼年时的人类个体就能精准地区分浆果的成熟度，这几乎是我们与生俱来的本领。对果实成熟度的准确判断，在很大程度上决定了食果动物的生死。因为，果实在成熟之前，通常聚集了大量的毒素，比如青涩的龙葵果里就有大量的龙葵素，这就是它们麻嘴的原因。这样就可以避免贪吃的动物来破坏幼嫩的种子。一旦种子成熟，外面的果皮就会收起自己的化学武器，脱掉绿色的外套，换上彩色服装，以吸引动物来进食。在动物大快朵颐的时候，种子就登上了"专用班车"，前往未知区域，在跌落的排泄物上生根发芽。

不得不说，我们人类的三色视觉出奇地发达，在很大程度上就是为了获取足够的果实又不被毒死。在采集狩猎阶段，植物性食物一度占到人类食物比重的65%。直到今天，我们仍然拥有这种能力，连那些蹒跚学步的小孩子也不例外。至少，我没有一个童年玩伴，是因为吃野果而中毒的。显然不能全归因于运气。

虽说摘"野葡萄"摘得不亦乐乎，但是我们从来没有去嚼过它们的叶子。因为没有大哥哥大姐姐这么做过，传统似乎就是这样被传承下来的。

龙葵叶有春天吗？

当下，反传统似乎成了一种风潮。放着数千年筛选培育出的蔬菜不吃，非要去追求野菜的"天然健康"。曾有一个报道说，一个大学教师家庭，老妈非要相信野菜养生。于是买了"甜茄"的种子，自种自吃。当儿子认为这些苦味儿野菜有点不对的时候，老妈仍旧以"去火"的名义加量。结果一家三口都被送进了医院。后来查验那些甜茄，可不就是龙葵！其中的龙葵素就是罪魁祸首！

龙葵叶完全不能吃吗？也不是。有一次去云南的同学家做客，看他们夫妇二人在择菜，我赞美了一句"空心菜挺新鲜的"。"这不是空心菜，是龙葵！"细瞧一下，可不是，那分明就是野葡萄的叶子嘛！接下来我就一直在琢磨这顿饭要吃多少叶子，清炒龙葵叶上桌，女主人看着我举箸不定的样子，解释说："没事儿，吃了不会中毒的。"于是我开始大嚼起来，除了一种淡淡的苦味外，倒是与空心菜有几分相似。只是比空心菜要脆嫩很多，最终一盘龙葵叶被吃了个精光，也没有任何不适。因为在烹制之前，龙葵叶已经浸泡了很久，还经过了水焯，加上我们每个人吃得不多，毒性自然就显现不出来了。

实际上，龙葵素毒性凶猛，可以促进人体积累乙酰胆碱，提高神经兴奋性，引起脑水肿，肠胃炎，肝脏、肾脏以及肺水肿，并且伴随呕吐、腹泻、呼吸困难等症状，严重的就此终结生命。当食物中的龙葵碱糖苷含量达 0.2 毫克／克的时候，就会引起中毒甚至死亡，但是因为龙葵碱中毒死亡的病例并不常见。那是因为这种物质达到 0.1 ～ 0.15 毫克／克的时候，我们就能感受到明显的苦麻味道了。显然，除了眼睛的辨识，我们的舌头也是一道很好的警戒线，它不仅能告诉我们哪些东西好吃，更重要的是向我们报告哪些东西不能吃！

那些一意孤行、想靠古怪的味道达成健康目的的人，就只有去医院一条路可以走了。在这个科技发达的时代，以身验毒实在不是什么高明之举。

龙葵素会有翻身的一天吗？

龙葵素是很多茄科植物的防身利器，不光是龙葵，马铃薯、番茄莫不如此。这种化学成分在科学家的手中，似乎也可以成为对抗疾病的利器。

在一些动物实验中，龙葵素显示出了对抗肿瘤的本事。一方面，龙葵素可以促进红细胞黏附于肿瘤细胞之上，引导免疫系统来攻击这些癌细胞；另一方面，龙葵素可以抑制肿瘤细胞上 ATP 酶的活动，从而降低肿瘤细胞物质（比如钙、镁）的运输过程，在一定程度上阻止它们增生蔓延。当然了，这些实验都还在初步研究阶段，距离实用还有很长的路要走。

龙葵比较靠谱的用途倒是变身生物农药，因为龙葵素本来就是为了对抗虫害而生的。只是推广生物农药也不是一劳永逸的做法，害虫仍然会演化出对抗龙葵素的个体，一如肆虐美洲的马铃薯甲虫。如何避免作物过于单一，通过综合性防控手段控制虫害水平，才是将来的有效解决之道。

初夏时节，龙葵又开始探头了，我已经开始琢磨带儿子去哪里摘野葡萄了。

🔲 特别提示

危险的茄科大家族

刺天茄和天仙子是我们经常会碰到的两种茄科植物。前者的果实有点像小番茄，但是如果当番茄吃下去，就会呕吐、恶心、呼吸困难，这都是其中所含的龙葵素的作用。而天仙子就更恐怖了，其中含有的莨菪碱是副交感神经抑制剂，如果把它们萝卜一样的根吃下，会出现心率加快、瞳孔散大等症状，如果抢救不及时，就会导致死亡。当年，欧洲人第一次见到番茄时表现出的畏惧，很可能来源于这些有毒的茄科植物。无论如何，我们还是不要去招惹这些家伙为妙。

反过来说，茄科植物的有毒成分还可以做药用，比如莨菪碱是治疗坐骨神经痛的有效药物（要在医生指导下使用）。其实，世上并无好草毒草之分，物尽其用才是正道。🔲

木 薯

* 凶险的"大红薯"

世界上有一个被称为"达尔文奖"的奖项，每年都会评奖，特别表彰那些为人类进化事业做出突出贡献的个体。不过，与诺贝尔奖不同的是，达尔文奖的得主通常不会亲自领奖，他们多数已经因为一些愚蠢的做法断送了自己的生命，让人类群体摒弃了愚蠢的基因，向着更智慧的方向迈进。就像 2013 年的一位得主，在狂灌一口酒瓶中的液体之后，发现是汽油，然后一口都吐在自己的衣服上，接着，他定了定神，然后颤抖地点燃了一根香烟……结果大家可以想见。

不过，反过头来看，正是这些无畏的勇士，为我们指出了危险。在人类历史上有很多看似愚蠢的表现，为我们的行为制定了准则，于是我们知道怎样安全地生存在这个地球上。当然，还有很多迫不得已的时候，我们会做出一些反常规的疯狂事情，吃毒草就是其中一件。

人类是典型的杂食动物，依赖植物为我们提供食物，至少我们必须从植物中获得维生素 C 这样的营养成分，但是世界上包括藻类、苔藓、蕨类、裸子植物和被子植物加起来足有 37 万多种！那么可以吃的有多少呢？据估计不超过 8 万种，而人类在历史上利用过的有 3000 种，常规种植的食用植物只有 150 种！在慨叹人类忽视生物多样性的同时，不妨换一个角度看，就会发现，需要多少位有达尔文奖精神的人才能筛选出这些能吃的东西。直到今天，这个筛选的过程还远没有结束，我们依然会跟不同的毒草打交道，只是因此获得达尔文奖的机会越来越少了。

树底下的大红薯

在云南，我第一次看到木薯的时候，一点也不怀疑这就是一个大红薯，桌案上放着削了皮的薯块，想都不想就要啃一口尝尝味道，幸好被眼疾手快的向导制止。向导把那些木薯放进了水盆，说是要一周之后再煮来吃，否则会有性命之忧。这样的东西绝不是红薯！随后，在贫瘠的山地之上，我见到了这些"红薯"的真身。那不是爬满地面的红薯秧子，而是一棵棵在石块间奋力生长的小树，很难想象它们的根就是木薯！

木薯本不是华夏之物，这种大戟科植物的老家在南美洲的巴西。据记载，在公元前 4000 年，当地人就开始食用木薯。在哥伦布到达美洲之时，木薯已经成为主食之一。在南美的诸多遗迹中，也发现了木薯形象的陶器。但是，同玉米、马铃薯相比，木薯的形象并没有那么高大。然而不可小觑，单看它在亚洲的表亲，就知道不是好对付的家伙，像狼毒、大戟、黑面神之类的植物都是可以取人性命的毒草。

16 世纪，随着殖民浪潮的涌动，大量黑人被送进美洲当奴隶，如

*木薯（*Manihot esculenta*），大戟科，木薯属。
奋力生长的小树（根部）。

何解决食物问题，成了殖民者需要考虑的问题。抗病虫、产量大又好种植的木薯成了不二之选。于是，木薯的种植量陡然上升。后来葡萄牙人又把木薯连同玉米一起送到了非洲，竟然毫无悬念地击垮了当地的主食作物，创造出了特有的非洲木薯菜肴。19 世纪 20 年代，木薯传入我国，迅速遍及广西、云南、广东等省。不禁让人感慨木薯在饮食界的毒性同样强悍。

时至今日，木薯种植已经扩散到了全球的亚热带和热带地区，虽然历经改良，变得安全起来，但是木薯的毒性依然存在。那么，木薯究竟含有哪些让人生畏的毒素呢？

让人窒息的薯皮

木薯体内含有氰类化合物——亚麻苦苷和百脉根苷，这倒是与苦杏仁中的苦杏仁苷极为相似。我们在谍战剧中经常会看到一个桥段，间谍被发现之后，吞服了一粒药丸，即刻毙命，那药丸里装的通常就是氰化物（氰化钾）。

人体之所以能正常运转，就在于每个细胞都在进行正常的呼吸。而呼吸作用的本质，就在于电子在不同的化学物质之间传递，而氰化物恰恰就是个拦截电子的能手，一旦氰化物侵入细胞，就会破坏电子的传递，相当于给细胞的能量工厂拉了闸。细胞的生命活动戛然而止，整个人体也就随之崩溃了。

更要命的是，木薯不会让人轻易察觉，因为亚麻苦苷和百脉根苷都是没有直接毒性的，其中的氰化物基团被其他化学基团包裹在一起。再加上木薯的香甜味道，我们有可能在毫无察觉的情况下吃下很多这样的致命化合物。一旦进入胃部，亚麻苦苷和百脉根苷会在胃酸的作用下水解，释放出大量的氢氰酸，中毒就在所难免了。木薯的这种化学防御手段，不能不说是极其高明的。

还好，在长期的吃木薯活动中，人类积累了大量的经验。比如，木薯的薯皮中的氰化物含量最高，只要在去皮后，浸泡一段时间（以往的做法都是浸泡 6 天以上），就能去掉 70% 以上的氰化物。再经过高温蒸煮，我们就能安全食用了。如今，通过品种的改良，木薯的毒性也在慢慢降低，口感品质也越来越好了。

常吃大木薯，大脑会萎缩

有一天，我心血来潮，网购来大包的木薯。去皮蒸制之后，木薯确实有种不一样的口感，比土豆更粉，比红薯更甜。不过，这种吸引人的口味可能带来更大的祸端。因为木薯的营养实在是过于贫乏了。

虽然木薯能填饱肚子，但是所含的营养几乎仅止于淀粉，什么蛋白质、脂肪、矿物质几乎都与它无缘。特别是木薯的蛋白质含量极低，只有 1.4%，相较而言，小麦的蛋白质含量是 12.6%，连大米的蛋白质含量都有 7%。如果以木薯为主要粮食，很可能会诱发蛋白质能量营养不良症。这是一种以消瘦、水肿、发育迟缓为主要表现的病症，严重的甚至会影响到大脑的发育，特别是对儿童的影响极大。

虽然，对城市青少年来说，突破各种炸鸡、汉堡的包围，才是要做的功课，只要我们不是迷恋于木薯，就不会中招；但是，在广大的低收入地区，特别是非洲大陆的很多地方，人们还在以木薯为主食。这种病症仍然困扰着一大批人。

纯净的淀粉，好酿的酒

虽说毒草木薯给人类设置了重重障碍，但是这些障碍如果被有效利用就都是优点。木薯的毒性让人类挠头，同样也给其他食草动物出了难题。所以很少有动物会冒险去啃食这种毒物，于是，即使不喷洒农药，木薯田也是一片祥和。从某种程度上可以说，木薯很容易成为有机农产品。与此同时，木薯特别容易栽种，只要把收割木薯后剩余的茎秆重新插在土里，一段时间之后，就又长出了新的木薯。木薯就是这样坚韧的作物！

如果说，高淀粉这个特性给人类营养带来了问题，那么，在淀粉工业上这个特性又成了绝对的优点。在没有多少蛋白质干扰的情况下，木薯块中的淀粉很容易被发酵成为酒精。要知道，在生产玉米乙醇的工作中，单是去除蛋白质这一项就浪费了大量的能量。而木薯几乎没有这个问题，成为重要的工业酒精来源只是时间的问题。也许有一天，我们加满酒精的汽车还会排出木薯味的尾气呢。

看似简单的缺陷，实际是众多人以生命试错得出的结论。今天，我们了解了木薯这样的毒物的诸多特性，多少与那些富有"达尔文奖"精神的先驱的行动分不开。而我们跟这些毒草的故事还将继续，只是我们会更多地依赖实验和计算机，"达尔文奖"最好还是空缺吧。

甘　草

*甜蜜蜜的危险

　　我的童年是在一个药材公司的大院里度过的，跟小伙伴们一起在成堆的药材里捉迷藏、用过期废弃的药品做实验、看落地的药材种子变成奇异的幼苗都是特别让人兴奋的事情。不过，让人印象最深的还是舌尖上的记忆。

　　每到收药草的季节，仓库前面的空地都会变成晾晒场。这可逃不过小伙伴们的眼睛和嘴巴。不过，是药三分毒，这药材库的植物更是如此，能入口的屈指可数。而甘草就是其中之一。

　　甘草长得真的像草，咬开棕黄的外皮，黄色的内芯就露了出来，用唾液润湿草芯，然后使劲吮吸，一股甜蜜的滋味就会涌进口腔，真的比蜜糖还要甜。偶尔带两根回家泡水喝，大人们也不会阻止。因为他们相信这种甜甜的药草是好的，至少能够生津止咳。大人们自己就经常会吃一种叫甘草片的药。但是甘草片的味道却令人却步，虽说名中有甘草，却几乎体验不出甘草的甘甜，而是奇异的苦味儿。大人们喜欢这些药，因为它们的镇咳效果真的非常好，于是甘草的神奇功效就在我心中扎了根。但是，不久前，有位同胞因为携带违禁药品被美国海关扣留了，甚至要关入监狱，惹祸的就是甘草片。

甘草的甜味究竟因何而来？吃了多年的甘草片为何变成了违禁药品？这甘草究竟是良药还是毒草？它对我们的身体究竟是好是坏？

荒野中的豆子根

甘草，从字面上看，就是有甜味儿的草。有甜味儿是不假，我和我的童年伙伴都用嘴巴鉴定过。至于草的问题，从广义上来讲，甘草并不是一种草，而是豆科甘草属的几种植物的共用名，这里面包括了甘草、光果甘草、胀果甘草等种类的根茎。它们共同的特征是匍匐在沙地上生长，同时会开出蝴蝶模样的小花，然后结出豆角模样的果实。只不过，这些果实不像我们熟悉的四季豆那样甘美多汁。人们更关注那些埋在地下的根茎。采收甘草的时候，要去除地面的茎叶，然后从根茎两侧挖下去40厘米，最后像拔萝卜那样把甘草拔出来。之后再经过晾晒炮制，就是我们在药店里见到的甘草了。

甘草很早就被当作药物的配料，出现在我国的各种药方之中。在《神农百草经》中是这样描述甘草的："主五脏六腑寒热邪气，坚筋骨，长肌肉，倍力，金创，解毒。久服轻身延年。"简直就是无所不能的仙草。至于《本草纲目》，更是提到"诸药中甘草为君"。不仅能解毒、止咳、镇痛，甚至能中和其他药物的毒性，按照这种说法，简直就是神草。

* 甘草（*Glycyrrhiza uralensis*），豆科，甘草属。
<u>比蜜糖还要甜。</u>

那么甘草究竟有没有这么神奇？如果有的话，那是什么成分让它们如此神奇呢？

甜味儿的真身

我们吃到甘草的第一反应，就是甜。这并不是因为甘草含有大量糖分，而是因为其中含有甘草甜素的缘故，目前对甘草药效的研究也主要集中在这种物质上。

甘草甜素还有一个通用的名字叫甘草酸，虽然名中带酸，但甘草酸的甜度却是蔗糖的 200 ～ 300 倍，这正是甘草甜味儿的秘密之所在。另外，这种无色或者淡黄色的物质易溶于水，所以我们用甘草泡水的时候，水很容易变甜。

随着研究的深入，甘草的真面目也逐渐被揭开。目前来看，甘草的抑菌、抗病毒、解痉挛、抗癌等实验都是在动物身上，特别是离体动物器官上进行的，这样取得的效果实在让人生疑。最夸张的实验是，把艾滋病毒和携带艾滋病毒的动物细胞放入甘草溶液，当溶液浓度达到 0.5 毫克 / 毫升的时候，艾滋病毒抑制率达到了 98%。其实，艾滋病毒在离体常温条件下，只能存活几个小时而已，加甘草和不加甘草结果都是一样的。甘草的药效似乎尽为虚名。

甜草带来高血压

不过，甘草甜素有一项功能是实打实的，那就是升高血压！有多项实验结果显示，甘草甜素具有类肾上腺皮质激素的作用。简单来说，甘草甜素可以让我们的肾脏保留更多的水和钠，这本来是身体保持盐水平衡的一项措施，但如果盐和水过多潴留在我们体内，将会引起低钾血症、高血压等一系列病症。也就是说,如果把甘草当作日常的茶饮来饮用的话,很可能喝出高血压。

不仅如此,甘草甜素同很多药物也存在配伍禁忌。比如,服用阿司匹林会刺激肠胃,而甘草甜素的存在会加重这种刺激,甚至诱发严重的溃疡。再如,甘草甜素会抑制降糖药的作用,并不是因为它们甜,而是因为甘草甜素会拮抗抑制降糖药的有效成分,不仅达不到降低血糖的作用,甚至会加重病情。所以,在服用药物的时候,一定要询问医生,是不是可以同时吃含甘草的食品和药品。总的来说,甘草不是神药,还会有风险,如果有泡甘草茶的习惯,还是立马放弃吧。

我想,肯定有朋友会问,如果甘草全无用处,那么甘草片为什么有那么好的止咳效果呢?

甘草片中的阿片类物质

我是个老咽炎患者,在咳嗽不止的时候,也会求助于复方甘草片。虽然气味和滋味都让人隐隐反胃,但是甘草片的效果却很强悍,甚至可以说是立竿见影。不过,遗憾的是,虽名为甘草片,但是实际起作用的却是其中的阿片类物质。

2014年2月,来自中国浙江的吴先生和12岁的女儿,在美国洛杉矶国际机场入境的时候,被美国海关扣留了。不仅被关了10个小时,更被直接遣返回国,且5年之内不能进入美国。而这个事件的源头,恰恰就是帮朋友带来的16瓶复方甘草片。这些药片被美国海关视为含有毒品的违禁药品。

在多年前,甘草片还是药店中的常见药片,随时都可以购买。但目前,甘草片已经被列为处方药,必须有医生的处方才能买到。当然了,这不是因为我们知道甘草可以诱发高血压，而是因为其中所含的阿片越来越受到人们的重视。

毫无疑问，阿片类物质能够抑制呼吸中枢，达到镇咳祛痰的效果，甘草片也因此而显得神奇。但是，阿片类物质引发的成瘾性也日益暴露。虽然每片复方甘草片中的阿片粉只有 4 毫克，但是长期服用仍然有可能导致药物依赖。这就是携带复方甘草片引发遣返事件的原因了。

说到底，甘草不过是甘草片中的调味剂，并且还是潜藏风险的调味剂。而阿片才是其中的有效成分。与此类似的是，莱阳梨止咳糖浆中的莱阳梨不过是个调味剂，而真正的有效成分是麻黄碱。而麻黄碱的含量正是检验莱阳梨止咳糖浆真伪的重要指标。

甘草带来的甜蜜

这样看来，甘草是不是百无一用了呢？也不尽然。毕竟，甘草的甜味儿是毋庸置疑的，并且这种甜味儿不会给我们带来额外的热量。在减肥成为潮流的今天，这样的甜味剂就显得十分珍贵了。除了传统的甘草杏、甘草糖，一大堆诸如甘草啤酒、甘草漱口水的产品都被开发了出来。

在 20 世纪末开发代糖的风潮中，一大批天然甜味剂走上了餐桌，其中就包括了甘草甜素、阿斯巴甜、木糖醇、甜菊苷等大出风头的甜味剂。这些甜味剂大大改变了我们的餐桌。无糖的可乐，无糖的口香糖，无糖的酸奶，甚至有无糖的蛋糕和面包，整个世界似乎都在无糖的道路上大步向前。或许有一天，蔗糖的原始甜味真的会只存在于我们的记忆之中。

当然了，代糖并不像我们想象中的那么完美。比如，患有"苯丙酮尿症"的人就不能吃阿斯巴甜，因为其中的苯丙氨酸正是这些患者的大敌。就更不用提那些有可能引发高血压的甘草甜素了。

更大的挑战来自这些代糖的口味，虽说有了甜味，但是代糖的这种甜味总是没有蔗糖、果糖那样丰满，细品代糖可乐和传统可乐，就不难发现其中的差别。

使用代糖有时会变成一个悖论，生产含糖量低的食物，恰恰是为了让人们能多吃一点（当然针对糖尿病等医疗用途的食物除外）。更进一步说，我们人类目前面临的问题是吃得太多，而不是吃得不够。如果略微管住自己的口腹之欲，多享受一点蔗糖又有什么不好呢？究竟要不要糖，吃多还是吃少，总归是个萝卜白菜的选择。

甘草带来的荒漠和绿洲

不管是不是喜欢甘草味儿，都应该严词拒绝野生甘草制品。甘草通常生长在干旱沙地、河岸沙质地、山坡草地及盐渍化土壤中，如前文所说的，采挖甘草，通常要挖出40厘米深的土层，在贫瘠地区开挖这样的土层，在很大程度上意味着很难在短时间内恢复，甚至导致严重沙化。即便是人工种植的土地，种植和采收甘草的过程也会对耕地产生不利影响。

当然，甘草作为一种荒漠植物，其固沙能力还是可圈可点的，耐贫瘠、耐干旱的特性让它们可以成为治理荒漠的排头兵。也许，走出药店的甘草还会在沙漠中再次成为领军植物。

甘草究竟会给我们带来荒漠还是绿洲，决定权还是在我们人类手中。

偶然收拾药箱，儿子打开一个小瓶，闻了一下，"哇"地怪叫一声，"爸爸，这个药怎么这么难闻啊，是不是坏了"，我拿过来一看，正是久已不用的复方甘草片。只吃过草莓味儿菠萝味儿止咳糖浆的儿子，自然不会知道甘草的味道。我拿过来，拧紧瓶盖，把它放入药箱。这就是药物的变迁、生活的变迁。

∞ 美食锦囊

草药泡茶要慎重

很多朋友会用胖大海、甘草和金银花代替茶叶泡水喝。但是，这种做法有相当大的风险。胖大海会诱发全身皮肤瘙痒、潮红、红疹，伴有头晕、心慌、胸闷、恶心、口唇水肿等过敏症状，甚至会诱发阴囊湿疹。长期服用甘草，其中的甘草甜素会诱发水肿、高血压、低血钾症，出现四肢无力、头晕头痛等不良反应。金银花中的绿原酸有可能诱发溶血，并且增加不孕的概率。所以，喝药草茶的时候还是要悠着点。∞

野 菜

* 野的新奇，家的实在

春回大地，万物一新。几场春雨过后，草芽树芽都冒出了头，又到了采摘野菜的黄金季节。什么荠菜、榆钱、蒲公英，什么蕨菜、野韭、马兰头统统都被收到菜篮子里面了。

可是，不断爆出的新闻，又让人心里打鼓，今天是吃龙葵吃到呕吐住院，明天是野生蘑菇取人性命。野菜究竟能不能吃，它们的营养究竟有没有特殊之处？如果这些野菜营养丰富，口味独特，并且有各种特殊保健功效，那为什么没有成为我们菜地里面的栽培品种呢？

防不胜防的毒素

虽然来上一桌子香椿摊鸡蛋、荠菜大肉馄饨加上凉拌马兰头都是挺惬意的一顿春日美餐，但是并不是所有的野菜都这么温和。要知道，野菜们并不是为人类的需求而生的，它们也有自己的生长繁殖，所以在嫩叶、花朵这些部位储存了大量有毒物质，以对付那些偷嘴的动物。野菜中暗含着四大类毒素，是阻碍野菜家常化的大问题。

野菜的第一大武器就是生物碱，生物碱的种类繁多，作用也非常复杂。我们经常能碰到的是茄科植物的龙葵碱（比如俗称甜茄的龙葵），以及百合科植物（比如萱草属的各种野生黄花菜）的秋水仙碱。通常来说，这些生物碱没有特殊的苦涩味，偶尔给舌头带来的麻味儿，也很容易与调料中花椒的麻味儿混淆在一起。于是，很容易就被吃下肚了。直到出现恶心、呕吐、呼吸困难等症状，才发现中招了。比如，龙葵碱会抑制我们的中枢神经活动，并且作用极快，如果不及时就医，很可能有生命危险。而秋水仙碱更是会影响细胞的分裂过程，严重时甚至会造成组织坏死。要知道，200 毫克的龙葵碱就可以让人中毒，只需要 40 毫克秋水仙碱就能将一个 50 千克的人致死。更凶猛的乌头碱，3 ～ 5 毫克就能取人性命。2010 年新疆托里县的 6 名工人将乌头误认为野芹菜食用，结果 6 名工人中毒身亡。

比起生物碱来说，氰化物也不是善茬。我们经常在蕨菜和野杏仁儿中遇到这种物质。相对于生物碱，氰化物通常有更强的迷惑性，它们通常是以糖苷的形态存在的，这个时候是没有毒性的。一旦进入消化系统，水解会释放出氢氰酸，这种化学物质会抑制细胞的呼吸作用，结果整个人体都停工了。到这时，中毒就不可逆转了。50 到 100 毫克氢氰酸就可以致人死亡，这只是相当于吃下二三十颗苦杏仁而已。蕨菜中的氰化物一样凶猛，如果不进行适当的处理，一样有生命危险。

与生物碱和氰化物相比，木藜芦毒素要算是小众毒素了，它们通常

*鱼腥草(*Houttuynia cordata*)，三白草科，蕺菜属。
茎秆通常埋藏在地下。

出现在杜鹃花等杜鹃花科的花朵之中。在这个百花盛开的春季，大家很有可能经不住大朵杜鹃花的诱惑，旺火快炒，大快朵颐，结果就中招了。有意思的是，这种毒素在低剂量时会提高神经的兴奋性，而大剂量时又会降低神经的兴奋性。在食用过多时，会引发抽搐、昏迷，甚至导致死亡。所以，品尝春天的滋味还是要适可而止。

酚类化合物出场的机会就比较少了，我们平常碰到的就是漆酚和棉酚这样的物质，如果哪天有人向你推销天然的棉籽油，可要小心了，那些油料中就含有棉酚，那可是会引发严重过敏反应的物质。这样的天然不要也罢。

简单来说，我们已有的常规蔬菜都是经过长期选育获得的安全品种。即使口味不佳，也必定是无毒的。

苦和粗的口感

有人说，野菜的口味好，又鲜又甜，比栽培蔬菜更有菜味儿。但是，你没觉得野菜大多都是有苦味的吗？除了上面说的毒性的苦味儿物质，植物中还有很多无毒或者毒性不大的苦味儿物质，比如萜类化合物（葫芦素、柠檬苦素）、苦味肽（大豆水解产物）、糖苷类（茶多酚）等。这些物质的存在，一样是为了驱散啃食植物的动物（包括人类）。尝鲜尚可，如果顶着苦味硬吃，那不是明智的选择了，谁知道其中有没有致命的毒素呢。

除了苦味物质的存在，野菜通常有更多的纤维，这倒是可以补充纤维素，但是我们的牙口和消化系统却不喜欢了。所以，我们采集的部位通常只局限于幼嫩的茎叶，而这些地方通常又是植物防守最严密的地方，毒素苦味物质齐聚。风险和收益如何衡量就成了一个需要考虑的问题。

另外，为了去除野菜中的毒素，我们通常会用浸泡、水焯、长时间炖煮等手法来烹调。如此一来，菜味儿全无，只能在咀嚼时想象春天的味道了。

我倒是有一次吃野菜的经历，有次出野外，因为时间紧张，有一个星期没有补给蔬菜，于是这一周基本上都是以各种野菜为食：薄荷、鱼腥草，以及顿顿都有的芋头叶子、红薯秧。等任务结束去县城，先把大白菜、小白菜、豌豆、豆角吃了个遍。

天然营养，看上去很美

那么，我们值不值得忍受苦味并冒中毒的风险来吃这些更接近"天然"的蔬菜呢？它们的营养成分真的要比普通蔬菜高吗？

首先要明确一下，我们需要从蔬菜中获得什么样的营养。其实，我们的需求很简单，主要包括了水分（蔬菜含水量通常在90%左右）、维生素A（胡萝卜素）、维生素B、维生素C、各种矿物质（钙、钾、锌）以及促进肠道健康的膳食纤维。但是，在这个食物来源极大丰富的时代，我们完全可以从多样化的饮食中找补回来。

通常来说，维生素C含量高是野菜促销的最大招牌。这点倒是不假，比如小黄花菜中的维生素C含量高达340毫克/100克，灰灰菜中达到了72毫克/100克，这样的含量远远高于大白菜的维生素含量47毫克/100克。可是，小黄花菜有毒，灰灰菜口味不好，要按照大白菜的进食量吃，那就是件很困难的事情了。用野菜补充维生素C就变成了一件看上去很美的事情。

至于矿物质、维生素E、不饱和脂肪酸这些营养物质根本不需要从野菜中获得，一杯牛奶、一片肉制品或者豆制品中的含量足以满足我们的需要了。

附带说一句，各种野菜神奇的保健疗效，我们也就姑且听之。且不说没有因为吃野菜治好病的实例，即使野菜中含有一些药用成分也必须在提纯之后，在医生的指导下使用，这样才能保证安全有效。要知道，即便是有效的植物化学物质也会杀伤正常细胞，比如秋水仙素可以治疗癌症，但同样会大量杀伤正常细胞。把药当保健品吃可不是什么明智之举。

种野菜不容易

当然了，特殊的口感总会有特殊的嗜好者，像荠菜、蕨菜、竹笋这些野菜也在慢慢地变成栽培蔬菜。但不是所有的野菜都适合栽培。就拿马兰头为例，每一亩马兰头的产量在 500 ～ 600 千克，而一亩大白菜的产量可以高达 6000 千克。纵然在价钱上相差数十倍，但是产量上的缺憾是无法弥补的。更不用说栽种和采收马兰头过程中要投入的巨大人力，以及销售市场的各种不确定性。于是，种野菜也成了看上去很美的事情。

另外，我们对很多野菜的生长过程仍缺乏了解，什么时候开花，什么时候结种子，什么时候需要施肥，什么时候采收收成最好，几乎都还是黑箱，采收和管理都只是粗放的经营。要想把这些野菜纳入栽培蔬菜的范畴还有很长的路要走。如果解决了这些问题，那自然就脱离野菜的范畴了。

∞ 美食锦囊

吃野菜的几个原则

不过，各种忠告终究拼不过吃货们的好奇心。实际上，只要能遵循一些基本的原则，就可以在一定程度上保证吃野菜的安全性。

首先，要在专业人员的指导下进行采挖，不认识的不采，不熟悉的不采，千万不要拿本植物图谱就去采摘，很可能就采到模样相近的有毒植物，比如毒芹。其次，千万不要迷信苦味去火保健，通常来说，苦味都是毒素的外在表现，千万不要勉强自己吃下大量的苦味食物，很可能会中毒。再者，一旦出现不适症状，比如恶心、腹泻、舌头发麻等状态，一定要在第一时间就医。千万不要以为这是野菜"神奇"药效的表现，以免延误了最佳的抢救时机。∞

水 茄

* 善恶难辨的茄家族

一接触厨房，我就开始跟茄子打交道了。红烧茄子烧茄盒，蒜泥茄子烤茄子，总之茄子是个很好打理、又很容易塑造成不同口味和形态的食材，因为这些圆头圆脑的蔬菜本来就没有什么特殊味道，并且它们蓬松的身体特别容易吸收调料酱汁，简直是厨师的好搭档（当然也是减重人士的噩梦，太吸油脂了）。

后来，在各地游历，发现很多像茄子又不是茄子的小东西，水茄就是其中之一。第一次吃水茄是在西双版纳的傣族夜市上，昏黄的灯光下有一盘盘绿色的小豆子，就像是放大版的豌豆。于是随意叫了一盘，在烧烤摊上的做法就是烤。等烤得略焦的大豆子端上桌一尝，妈呀！这根本就不是豆子味道，而是茄子的味道，并且是苦的！

* 水茄（*Solanum torvum*），茄科，茄属。
绿色的圆果子。

虽然这第一次的亲密接触经历并不愉悦，但是我很快接受了这种特别味道的小茄子。水茄的苦味儿不同于苦瓜，更像是淡淡的，让人愉悦的苦味儿。特别是把水茄切碎，加酸笋同牛肉末同炒，堪称米饭杀手。有一次，伴着一盘水茄炒牛肉，我一口气吃了三碗米饭。但是苦苦的味道总是让人有所忌惮。水茄跟我们通常吃的茄子究竟有什么关系？我们究竟应以什么态度来对待苦味食品呢？

水茄非茄子

在傣族寨子里不难看见水茄的样子，通常是种在院墙外的角落里，甚至是一个废弃的脸盆或者空桶里面，放置在院墙之上。只要给点土壤这种蔬菜就能茁壮地成长。那些成簇的白色五角星花朵，以及簇拥在柱头周围的雄蕊都暴露了它们的茄科植物的身份。待到花谢之时，绿色的圆果子又会缀满枝头，那就是我们在烧烤摊上吃到的水茄了。这些小果子只会长到樱桃大小就不再长大，全然不像我们熟悉的大茄子。

其实，欧亚大陆产的能吃的茄科植物并不多，茄子就是其中最重要的物种。这种蔬菜被认为起源于南亚的热带区域，不过在很久之前就传入了我国。据记载，在2000多年前的汉朝，人们就开始吃茄子了。因为产量大，结果期长，是很好的夏秋蔬菜，所以茄子一直被勤劳的中国人民所喜爱。逐渐培育出了长茄、圆茄和簇生茄三大品系的变种。到今天，中国也被认为是茄子的次生起源中心。我们在三个变种的基础上培育出的品种更是不胜枚举，且不说茄子的形状，单单是长茄子就有紫皮、绿皮和白皮之分。

在我的童年记忆里，夏天就是与茄子捆绑在一起的，除了显摆厨艺的烧茄子和茄盒，我们通常吃的多是蒜泥拌茄子、炭烧茄子这样的小菜。

这种浆果显然是非常适合这种烹调方式的。

水茄与茄子都是茄科茄属的植物，所以它们的花朵和果实的形态都有几分相仿。虽然水茄的分布区也很广，但是这种植物一直都不是主流的蔬菜，核心的原因不仅仅是它有苦味儿，而且还在于茄科家族中的毒物实在是太多了。

细数茄科毒草

欧亚大陆上的人类，特别是欧洲人长期以来一直对茄科植物持有偏见，以至于新大陆的番茄和马铃薯进入欧洲的时候，也一度被认为是毒药。这是因为欧洲人碰到的绝大多数茄科植物真的是有毒的。

这里不能不提在欧洲广泛分布的颠茄。听这名字就知道不是好惹的，它们的花朵没有水茄那么密集，在没有成熟的时候，绿色的果实如宝石一般，当果实完全成熟就变成深紫色，看似诱人的果子却不能吃，因为有毒。颠茄中含有莨菪碱、阿托品、东莨菪碱、颠茄碱等。这些都是效力很强的化学物质，它们会作用于我们的中枢神经，抑制副交感神经（副交感神经兴奋时，我们的心跳会减缓，唾液腺等腺体分泌会加速）的活动。所以，服用阿托品超过 5 毫克，就会引发口干、眩晕、散瞳、皮肤潮红、心跳加快、兴奋、烦躁、谵语、惊厥这些症状。好在阿托品的中毒剂量和致死剂量之间有很大的间隔，所以在出现中毒症状的时候，及时进行洗胃等处理是能够挽救中毒者生命的。

在我国的西南区域，路边也分布着很多不能吃的小茄子，数量最多的当数刺天茄和黄果茄。它们的植株上都布满了尖刺，看起来就不是善茬，不过它们小茄子模样的果实都是美艳动人的，刺天茄的果实是橙红色的，而黄果茄的果实是明黄色的，但遗憾的是，它们的果实都不能食用。因为，这些果子里面一样含有颠茄碱类物质，所以在野外活动的时候千万别因为嘴馋去招惹这些东西。

至于说大名莨菪的天仙子就更凶猛，蒲公英模样的植株看似很温和，但是它们全草都是有毒的。特别是种子中含有大量的生物碱，其中以莨菪碱和阿托品为主。自古以来在东西方都是被当作毒草来对待的。在《雷公炮炙论》就有"大毒"的记述。不过，这些茄科的生物碱并不是没有效用，它们在医疗上一直是重要的药物。

茄家族的看家本领

如果有朋友在小时候去医院验光检查近视，医生会先往眼睛里面滴入一点药水，这个过程被称为散瞳。这个药水的主要成分就是阿托品，它的作用就是散瞳。

通常来说，青少年眼睛的调节能力太强了，如果不使用阿托品来散大瞳孔，睫状肌的调节作用可使晶状体变凸，屈光力增强，不能把调节性近视即所谓假性近视成分除去。这样得到的验光数据就是不准确的。所以青少年近视患者，散瞳验光是很有必要的，特别是 12 岁以下的小朋友是必须经过散瞳才可以验光的。另外，在眼科，阿托品还被用于角膜炎、虹膜睫状体炎。

当然阿托品的效力远不止于此。它们还被用作有机磷农药中毒的对症解药，抗感染中毒性休克，抗心率失常，甚至在手术麻醉前也要为病人注射一定量的阿托品，以抑制腺体分泌，特别是呼吸道黏液分泌，避免手术中堵塞呼吸道，还被用于胃肠道功能紊乱，有解痉挛作用。

虽说阿托品类的茄科生物碱有各种方式的医学用途，但是它们仍然是危险的，仍然是苦的。把它们当成食物摄入的话仍然是有风险的。按理说，苦味儿对人类就是一种警示的信号，那为什么还有人喜欢苦味儿的食物呢？特别是在西双版纳区域，像水茄和旋花茄这样的苦味茄科蔬菜并不少见，又是为什么呢？

迎难而上的舌头

第一条想到的解释就是，吃苦对人是有好处的。这大概是受"良药苦口"这种传统说法的影响。但是需要提醒大家的是，再好的药都是为了治病的，而不是为了给我们的身体锦上添花的。植物的苦味在很多时候都与生物碱有关，而对植物来说，生物碱就是一种化学防御武器，简单来说就是毒药。当然，聪明的人类学会了利用这些毒药，比如咖啡因类的生物碱是干扰动物正常作息的。而人类就偏偏爱上了这种效果，成为现代社会不可缺少的饮料成分。

但是，生物碱终归都是危险的，就像上面说的阿托品类生物碱，当我们有肠胃痉挛症状的时候，少量摄入是可以缓解症状，但如果一个健康人乱摄入，那就只能带来麻烦了。即便是咖啡因摄入过量，也会造成严重后果。所谓的吃苦带来健康不过是有些人一厢情愿的事情罢了。

还有一种解释就是，在演化过程中，完全不能接受苦味儿食物的个体，很有可能因为食物选择面太窄，最终败给了那些不挑食的人。这个说法看似有道理，但是人类对于苦味儿的敏感程度极高，有些超级味觉者甚至可以辨别出一杯水中个位数的奎宁分子。之所以有如此强的辨别能力，实际上也就是为了最大限度地避免中毒惨剧的发生。

还有一个值得注意的现象，那就是新生婴儿都是不喜欢苦味儿的。甚至在广大的北方地区，长久以来都不喜欢苦味儿，吃苦瓜也仅仅是最近十几年的事情。所以说，喜不喜欢苦味儿食物很大程度上是后天训练和习得的，更接近于一种文化传统和身份的认同感。谈到这里，我们就会发现吃苦早已经超越了人体健康的范畴，而是一个人类生理、心理和社会等多个层面多种因素交织在一起的结果。而水茄、旋花茄这样的特殊蔬菜也会在我们人类的食谱中流传很长时间。

∞ 美食锦囊

长茄子和圆茄子是不同的植物吗？

长茄子、圆茄子是茄子的不同变种。

吃茄子有利于减肥吗？

茄子本身的热量确实比较低，但是烹调茄子的时候为了美味，一定会用到大量油脂。这样的茄子菜肴不但不能减重，还会推升体重。少吃多运动才是减肥的锦囊妙计。∞

杜鹃花

* 危险的美丽诱惑

　　3月的麻栗坡着实让人不舒服，浓浓的雨雾让人伸手不见五指，冰凉的水汽能深入每一条骨缝。不过这是个看花的好地方，始终盘踞在山腰的云雾为这里的花朵提供了充足的水分。等微风轻轻吹过，雾气暂时散去，就会看到红的、黄的、白的、奶油色的花朵在山脊上摇曳，那就是美丽的杜鹃花了。那些花朵或大或小，或含苞待放，或圆满绽放，或似绣球，或如彩灯。更让人惊异的是，有的杜鹃花竟然长得一副百合花的模样，连香味都一模一样。我第一次发现，杜鹃花可不是路旁绿篱那几朵寒碜的小紫花。

　　实在忍不住，摘了几大朵杜鹃花回驻地，在轻轻漫过来的云雾中若隐若现，在幽幽的微风中品鉴它们充满诱惑的香气。我忽然明白，为什么当年西方植物猎人不远万里来到中国，一头扎进险峻的西南群山。一切的一切都是为了这份美丽和温柔。

就在我遐想的时候，忽然听到厨房里"哧"的入锅声，向导郭哥吼了一嗓子，"今天加一道炒杜鹃！"

这才发现前几日带回的杜鹃花少了一大捧。

深山中国明星

杜鹃花称得上是花卉界的大家族，整个杜鹃花属的植物超过1000种，家族势力遍及亚洲、欧洲、北美洲和大洋洲。说来也特别，我记住的第一个植物学拉丁文就是杜鹃花的"Rhododendron"，因为在云南话中此属名的发音就是"骆驼蹬脚"，于是记住了骆驼也记住了杜鹃花。

虽然我国的杜鹃花种类多达560多种，但是长久以来都藏在深山峻岭之中，并没有得到人们的赏识。对于颜色气味俱佳的花朵，这种境遇多少让人感到意外。想来原因大概有二：一是因为难养，二也是因为难养。在白居易的诗中就可以找到"杜鹃花落杜鹃啼""此时逢国色，何处觅天香"的词句，我们依稀可以看到当时文人在栽培杜鹃过程中的努力。只是，直到清代杜鹃都不是一种大众花卉，虽然有文人墨客屡次尝试移栽，但是成功的依然寥寥。

直到17世纪末，英国园艺学家第一次从阿尔卑斯山成功引种栽培了高山杜鹃，这才拉开了世界杜鹃栽培大发展的序幕。1856年，著名的英国植物猎人在我国云南找到一种名为云锦杜鹃的杜鹃花，这种颜色多变、香气袭人的杜鹃花成为后来栽培杜鹃的重要亲本。可以说，云锦杜鹃的出现大大丰富了世界杜鹃花育种的资源库，让杜鹃花真正成为一种园林观赏花卉。

* 高山杜鹃（*Rhododendron spp*），杜鹃花科，杜鹃属。
长得一副百合花的模样。

实际上，我们西南的人们早就跟杜鹃们进行亲密接触了，只不过不是用眼睛，而是用嘴巴。

美丽花瓣的凶险一面

有一日，朋友兴冲冲地给我拿来一盒杜鹃糖，据说是用杜鹃花瓣和麦芽糖经传统工艺精制而成。传统不传统，我无法考证，但可以肯定的是，这绝对不是杜鹃菜肴的正宗。虽然诸如迎红杜鹃、绣叶杜鹃、粗柄杜鹃都可以做成鲜花美食，但是我最喜爱的仍然是大白花杜鹃。这种杜鹃以白色硕大的花朵而得名，洁白的钟形花瓣，感觉就像有奶油的味道。最简单的吃法就是和着大油大火快炒，稍稍加几片蒜瓣。大蒜的香和着花的香，大蒜的绵和着杜鹃的爽脆，简直就是春日下酒的佳肴。

不过，有时间的话，来盆豆米杜鹃汤才是体验杜鹃花味道的极致之选。豆米要选新鲜的蚕豆，把外面的软壳尽数剥去，只留下中间软嫩的豆米，略添几根姜丝之后，加清水炖煮。等豆米变软之后，再加入杜鹃花，最后加点大油盐巴调味，就成了一盆洋溢着春天味道的豆米杜鹃汤。豆米鲜糯，杜鹃脆韧，让人根本就丢不掉手中的汤碗。直到汤干花尽方才罢休。

不过，不管是清炒还是炖汤，新鲜采来的杜鹃花都是不堪用的，必须经过清洗浸泡，将其中的生物毒素尽数漂去，才可以安心食用。杜鹃这些看起来温柔可人的花朵，可不是好惹的。想来骆驼蹬脚这个云南拉丁名倒也算有几分道理。

生物杀虫剂

杜鹃花是不是曾经把骆驼毒翻，我不得而知，但是牛羊甚至人中毒都是常有的事儿。于是杜鹃花又有了闹羊花、羊踯躅等名号，甚至有池中之鱼吃了飘落花瓣之后都翻起了白肚皮。

像大白花杜鹃中就含有木藜芦毒素，这种毒素在低剂量时可以降低我们的血压，同时还可以直接作用于我们的神经系统，提高肌肉的兴奋性。如果过量食用就会出现恶心、呕吐的症状，严重时会引发抽搐、昏迷，甚至死亡。所以，每次吃杜鹃菜肴的时候，我都不会劝人多吃，特别是小孩子还要限制食用量。

如此看来，杜鹃花还是出现在庭院之中比较好，偶尔让人尝点春天的味道即可。不过，杜鹃花中的毒素并非一无是处，比如黄杜鹃中的闹羊花毒素 III 在低浓度（0.1 微克 / 毫升）时对离体猫左右心房收缩力均有增强作用，高浓度（1 微克 / 毫升）则引起抑制作用，能降低兴奋性，可以用于治疗心动过速、高血压等疾病。当然，需要提醒大家的是，此类药用价值只有在提纯化学成分，并且在专业医生指导下才能达到预期效果。如果想追求保健效果，还是去吃维生素片比较安全。

实际上，在我国民间，黄杜鹃一直被当作杀虫植物来使用。相关的研究表明，黄花杜鹃的提取液对很多害虫有控制作用，比如对菜粉蝶幼虫、蚜虫、黏虫、褐稻虱都具有毒杀和趋避作用。看来，做回杀虫植物的本职工作，才是黄杜鹃最好的归宿吧。

吃花要小心

云南是个花的王国，也是个吃花的王国。除了杜鹃花，吃其他花其实也隐藏着不少风险。在云南流行着芋头花美食。没错，就是出产荔浦芋头、小芋头的芋头。芋头花蒸茄子、芋头花配臭豆腐都是不错的下饭菜。对芋头花的诱惑我自然是难以抵挡，不过要是处理不当，或是蒸制的时间不够长，那舌头就该受罪了。有一次在享受了芋头花之后，舌头麻了一下午，连把舌头咬下来的心都有了。

那些看着娇艳的花朵并不好惹，它们大都是有毒的。花作为繁育下一代的重要器官，植物当然要投入大量的资源来经营，并且，快开快落的它们也比那些老秆老叶要来得鲜嫩。别说是人，食草动物也不会放过如此美味。植物准备毒药也是不得已而为之。黄花菜中的秋水仙碱，也能让人上吐下泻。据说白色花朵的毒性要比颜色鲜艳的低得多，可这是没有实验根据的，更像那个"黑蘑菇毒人，白蘑菇不毒人"的传说。

如果营养丰富的话，咱多冒冒险也值得。不过看看这些野生花朵的营养，总让人泄气——虽然杜鹃花号称维生素 B_6 含量超群，但是在保证不重蹈"花瓣鱼"覆辙的情况下，恐怕不如来点维生素 B 同样丰富的菜花；吃个柠檬获得的维生素 C，不知道相当于吃多少朵号称维生素 C 丰富的玫瑰花。

不同的花朵有不同的护身武器，要想品味其中的春日味道，还得方法得当。美丽和危险也许就在一线之间。

山藜豆

*有毒的大豆子

小时候，特别喜欢玩游戏机。那时没有植物大战僵尸，也没有愤怒的小鸟，只有几个简单游戏在家中的电视机上闪烁，我印象最深的一个就是食豆人——如果够幸运，食豆人吃到迷宫中的能量豆，就可以转身吞吃幽灵。于是，我每次在餐桌上吃豆子的时候，都想来个能量飞跃。可是，这样神奇的豆子始终没有出现过。

一天，接到朋友的求助电话，他的母亲正痴迷于一种新的豆子。这种豆子有个好听的名字叫山藜豆，听起来就是文艺气息和乡土气息的完美融合。在当下涌动的返璞归真大潮中，这样乡土风的食物，无疑是纯朴、健康、原生态的代表。据说山藜豆发出的豆芽更是健康佳品。这难道就是我梦寐以求的那颗神奇大豆子？可是，朋友在网上检索之后惊异地发现，山黧豆竟然有毒！这山黧豆究竟来自何方，它们有没有特别的营养，吃它们是不是有很大的风险呢？

饥荒中的食物

山黧豆是个大家族，整个属有 130 多种，在欧亚、北美广大的陆地上，占据着自己的生活区域，它们的花朵一如同科的豌豆那么娇弱柔美。而家山黧豆（栽培山黧豆）的老家在南亚和巴尔干半岛，因为籽粒四四方方，颇像马的牙齿，所以有了马牙豆、牙齿豆这些别名。到目前为止，只有栽培山黧豆出现在人类的农田里，所以通常农业中所说的山黧豆，就是特指家山黧豆。

其实山黧豆很早就闯入了人类世界，在西班牙新石器时代人类遗址中，发现了山黧豆的踪迹，足见这种作物的历史悠久。今天，山黧豆的生活区域已经遍布亚洲、欧洲、非洲和北美，特别是在印度、孟加拉和埃塞俄比亚的产量非常高。只是，山黧豆进入中国的历史很短，20 世纪 50 年代才在西北地区开始种植，所以，我们不熟悉这种奇怪的豆子也就情有可原了。

之所以被人类看上，是因为山黧豆的生命力极其强大，它们对生存环境不挑不拣。适宜生长在干旱贫瘠的大地上，特别是如果遇到灾荒年，山黧豆往往是坚持到最后的作物。与此同时，山黧豆的产量很高，一亩山黧豆籽粒可以达到 125 千克，远高于豌豆，跟大豆有一拼。另外，山黧豆的蛋白质含量甚至还要高于大豆，可以达到种子干重的 25% ～ 27%，同时还含有 B 族维生素，维生素 C 和胡萝卜素。

你可能会问，如此完美的豆子，为什么没有替代大豆，成为大宗的豆类产品呢？答案很简单，因为它们有毒。

*山黧豆（*Lathyrus quinquenervius*），豆科，山黧豆属。
籽粒四四方方，颇像马的牙齿。

神经毒素的威胁

在 20 世纪 70 年代，我国的甘肃省因为连年干旱，小麦等主要粮食歉收，山黧豆就成了救命粮。不久，奇怪的事情出现了，那些连续吃了几个月豆子的人中，很多都下肢瘫痪了。实际上，人类很早就注意到，吃山黧豆会引发麻痹、下肢无力等诸多症状，但是直到 1964 年，才找到了致病的元凶，那就是一种被称为 ODAP（β-N- 草酰 -L-α，β- 二氨基丙酸）的氨基酸，虽然是氨基酸，但是它们并不参与蛋白质的合成。相反，它们会导致脊髓运动神经功能的退化，从而导致食用者瘫痪。更可怕的是，这样的神经损伤是不可逆的，并且没有治愈的药物，要避免悲剧的发生，只能尽可能在烹调中去除毒素，或者管住嘴巴少吃点儿。

虽然，以大豆为代表的豆类家族是中华美食的常备原料，但是这并不意味着，吃豆子完全没有风险，很多豆子模样的东西都有山黧豆那样的化学武器。我们经常吃的四季豆就有凝集素，这种物质在进入血液之后，可以使红细胞凝集，造成呕吐、窒息等诸多症状，如果吃得太多，甚至有性命之忧。

即便是大豆这样温和的豆子，也有一些化学武器，如果喝下那些没有煮熟的豆浆，同样会被腹痛、腹胀这些恼人的症状缠上。这就是大豆中的皂苷、胰蛋白酶抑制物和维生素 A 抑制物在捣鬼了，它们不但会抑制我们对蛋白质的消化吸收，还会刺激人的肠胃，让人只能长时间守在马桶旁边。

这一点都不奇怪，因为这些豆子中丰富的蛋白质和脂肪，本来就不是为人类准备的。储存在两片豆瓣（子叶）中的营养物质，是豆科植物种子萌发所必需的营养。在种子萌发时，这些营养物质会分解成氨基酸等小分子营养物质,或者成为建设幼芽的材料,或者为建设工作提供能量。为了保卫这些珍贵的营养,豆子们就在籽粒中安插了毒药,这样就可以让种子窃贼望而却步了。如果碰上愣头青一样的动物,说不定还能为植物提供更多的美味——偷嘴动物的排泄物和尸体。

山黧豆芽更狠毒

如果直接吃豆子有毒,那么吃豆芽是不是会安全一点呢?答案是否定的。

毫无疑问,豆芽是中国人的杰出创造,这种做法极大地丰富了豆类食谱,让我们不仅可以吃到软糯的豆子、润滑的豆腐,还能尝到清脆的豆芽。我特别喜欢一道凉拌菜就是炸豆腐丝拌豆芽,其间混杂了豆腐焦皮的韧、豆腐的软,还有豆芽本身的清脆,就像一首和谐的乐曲在舌尖上弹响。另外,绿豆在发芽的时候,会产生大量的维生素 C,我时常在想,郑和的水手都没有患上坏血病,大概就是因为我们会发豆芽吧。

不管怎样,芽在中国饮食文化中占据着独特的地位,那通常是生命精华的象征。不过,山黧豆的芽就不是善茬了。在发芽过程中,ODAP的数量不减反增,在萌发种子中的含量甚至可以达到 100 毫克 /100 克,这可是干种子的 4 倍。在生长过程中,ODAP 也主要分布在地上的叶子和花朵中。所以,食用山黧豆的幼苗并不是什么明智的选择。

那么,是不是我们就要与山黧豆划清界限了呢?也不尽然。因为山黧豆中的 ODAP 是可以溶解在水中的化学物质,所以通过浸泡可以有效地去除这些化学物质,同时有毒的 β-ODAP 在加热的条件下可以转化为无毒的 α-ODAP。在加水烹煮之后,山黧豆的中的 β-ODAP 可以去除 90% 以上,当然这些豆子汤是不能再喝了。

实际上，煮这种方法对去除很多豆类的毒素都非常有效，加热可以使皂苷、凝集素和蛋白酶抑制剂失去活性，所以，吃熟豆子可是个好习惯。

凶险的毒豆子家族

像山鼍豆这样的豆子处理后就可以吃了，但是有些豆子是万万不能吃的，红豆就是其中之一。"红豆生南国，春来发几枝。愿君多采撷，此物最相思。"能得到有情人送的几颗红豆，恐怕是很多人的梦想。红红的相思红豆，光亮的外皮，让人看着就有几分食欲。如果你有这种想法可千万要打消，这个红豆可不是做成红豆沙甜品的红豆，吃了是会中毒的！

我们说的表情达意的红豆传统上是来自豆科红豆树属的植物，而如今一些红色的豆子如豆科海红豆属植物海红豆（*Adenanthera pavonina var. microsperma*）也被用来表达爱意。因为海红豆叶片像展开的孔雀尾巴，所以海红豆还有一个名字叫孔雀豆。海红豆的颜色鲜红，形状又略像心形，于是成了表达爱意的良好标识。不过，吃货就不要打它们的主意了，海红豆的种子有毒，可以引发腹痛、呕吐、呼吸困难等症状。这难道印证了，炽热的爱情都是自私的？不过，只要鲜红的种皮不破损，不管是佩戴还是吞咽下去都不会引发中毒。只是，千万不要因为好奇去咀嚼。

我时常在想，很多有毒的植物都是在饥寒交迫的时候进入人类食谱的，在生死攸关的时刻，能保一时性命就成了最好的选择。当食品丰富的时候，我们大可不必冒这么大的风险，去挑战那些有毒的备用食物，就让它们在新的地方发光发热吧。

牛肝菌

*搅和肠子和脑子的大蘑菇

云南人好菌子，云南也出好菌子。什么平菇、香菇、金针菇，在这里都是等外植物，只能偶尔在烧烤摊上充当一下配角。至于吃法，什么野生菌火锅、野生菌烧烤，在云南还真是罕见。我无法想象把鸡㙡菌、干巴菌、鸡油菌、牛肝菌混成一大锅，还能吃出怎样的滋味（虽然确实有人这么干），除了暴殄天物还能说他们什么好呢。

云南菌子的正宗吃法无非是炒、煮和油浸。对于新鲜的干巴菌来说，配点青椒快炒已经是绝味。把块状的干巴菌细细撕开，小心拣出里面的松针和沙土，然后用面粉轻轻揉搓，再用清水漂净，就可以下锅爆炒了。干巴菌浓烈的坚果气息，常常勾得邻居上门，加上特殊的筋道口感，食客们有吞掉自己舌头的风险。至于鸡㙡菌，要用菜油小火慢煮，配上新鲜的干花椒和干辣椒，等菌菇中的水分尽数熬干，就可以装瓶了。无论是油鸡枞还是鸡枞油，都是拌面条、拌凉菜的恩物，下一把清水挂面，拌上一勺鸡枞油，平凡的阳春面顿时升级，谁说美味不能简单。

如果不喜欢青椒干巴菌的浓烈，也不喜欢油浸鸡枞的油腻，那牛肝菌就是最好的选择。比起前两种，这些长得像放大版香菇的大蘑菇更温和，更容易让人接受。切成薄片的牛肝菌，加蒜瓣青椒旺火快炒，随即盛入盘中，那滑腻筋道的口感、鲜甜的滋味、似有似无的松果香气，让这盘菜看充满了勾人馋虫的魔力！

不过，有一年回云南，恰逢菌子时节，姨姥姥却没有给我们准备牛肝菌，据说是因为屡屡发生的菌子中毒事件。在我们的强烈要求下才炒了一小盘，然后在吃菌子的时候，一直注意着我们的不良反应。还好一餐无事，姨姥姥微微皱起的眉头才舒展开来。

这吃了很多年的牛肝菌为何就成了致命毒药？

混乱的牛肝菌家族

在云南，吃牛肝菌已经有很长的历史了，在成书于明代的《滇南本草》中就有关于牛肝菌的记载："气味微酸、辛，性平。"不过，像我这样的饕客，通常关心的不是其养生效果如何，而是能不能吃、好不好吃。这就得认清我们盘子中的牛肝菌了。

实际上，我们所说的牛肝菌并不是一种蘑菇，而是一个近 400 种的庞大家族。这些特别的蘑菇分属于 59 个属，常见的就有牛肝菌属、金牛肝菌属、圆孔牛肝菌属、裘氏牛肝菌属等十多个属。其中，中国可食用的牛肝菌就多达 199 种，单单是出现在云南市场上的牛肝菌就多达 45 种，其中常见的也有 31 种之多。牛肝菌家族菌丁兴旺可见一斑。

* 牛肝菌（*Boletus edulis*），牛肝菌科，牛肝菌属。
菌盖厚实多汁。

当然了，庞杂的牛肝菌家族也有一些共同特征，比如它们的菌柄都比较粗大，所以得了个大脚菇的俗名。另外，牛肝菌的菌盖都比较厚实多汁，这也是受到食客青睐的原因。再加上其中特有的类似坚果或松脂的香气，确实是种让老饕垂涎的好东西。但是，如此优秀的蘑菇为什么没有出现在我们的餐桌之上呢？

伪装的大松蘑

8月末，北京周边的高山上已经弥漫着秋天的丝丝寒意，但是采蘑菇的人们正热火朝天地采蘑菇。这些被称为松蘑的大蘑菇就隐藏在油松、柞树混合而成的树林之中。稍稍扒开松树下的枯枝落叶，就能找到漂亮的松蘑。带回家，稍稍清除枯叶和浮土，然后把菌子切成薄片，放在炭火上炙烤，再放置于阳光下晾晒。如此操作之后，就得到了当地的特产松蘑干。无论是用来炖柴鸡，或者泡发之后炒青椒和蒜头，都是好菜一道。

其实，这些蘑菇并不是松蘑，那可是松茸的尊贵学名。这些特别的松蘑则是以美味牛肝菌为主力的牛肝菌家族，其间还混杂了点柄乳牛肝菌、短柄黏盖牛肝菌等种类。不过，这些蘑菇真还有一个共同点——它们都是野生的。

到目前为止，这些蘑菇的栽培技术仍然是个谜。在大多数人的印象中，只要有块烂木头，或者有一堆枯枝落叶，蘑菇就可以长出来，甚至有些蘑菇会从木质的拖把杆上冒出来。但是，牛肝菌并不稀罕跟这些死物为伍。它们选择跟松树、栎树等大树共同生活。

当牛肝菌的菌丝萌发之后，很快会侵入上述树木的根系，将这些根系紧紧地包裹起来，并且从植物根系中汲取生长所需的营养物质。当然了，牛肝菌也不是吃白饭的强盗，它们的菌丝会替代植物的根毛，帮助这些大树从土壤中吸收矿物质和水分。看起来，这倒是个蘑菇、大树各取所需的好买卖。

可是，正是这样复杂的共生关系，难倒了众多科研人员。牛肝菌似乎根本不喜欢人类调制好的培养基，到目前为止，在实验室只能种出牛肝菌的菌丝体或者片状的菌核，离种出大蘑菇样的子实体还有很长的路要走。正因为如此，野生牛肝菌仍然是商品牛肝菌的唯一来源。

牛肝菌中的危险分子

如此特别的来源，如此混杂的种类，势必带来一个问题——我们碰上有毒牛肝菌的概率很大。要知道，有毒牛肝菌种类多达 33 种，中招的概率还是很大的。2011 年，中科院昆明植物研究所的研究人员李树红，在云南收集了 310 份商品牛肝菌，其中就有 5 种有毒牛肝菌，包括绿盖粉孢牛肝菌、圆花孢牛肝菌、黄粉末牛肝菌、紫盖牛肝菌和小孢粉孢牛肝菌。

这些牛肝菌的毒性分肠胃毒性和神经毒性两大类，比如黏盖牛肝菌和黄粉末牛肝菌会引发强烈肠道反应，而细网柄牛肝菌甚至能引发溶血和肝脏损伤。肠胃型毒性的牛肝菌不仅会引发恶心呕吐，甚至会导致胃出血。如果不及时救治，会有性命之忧。

蘑菇的危险还不止于此，很多毒蘑菇还有个迷惑人的歹毒手段——假愈期。其中，最典型的当属致命鹅膏。当吃下这种蘑菇不久，食用者就会出现恶心呕吐等剧烈反应，随后症状逐渐缓解。要是你以为平安无事就错了，这个时候，食用者体内的转氨酶已经急剧升高，肝脏已经发生了损伤，等 48 小时之后，不适症状再次出现，这时，就算华佗再世也没辙了。所以，如果吃野生蘑菇出现不适症状，一定要在第一时间携带样品去医院寻求专业帮助。切忌因为一时侥幸，错过治疗的黄金时期。

目前来看，只要及时获得治疗，牛肝菌中毒的患者几乎都能脱离危险，这也算是不幸中的万幸吧。

看小人的危险

虽然牛肝菌可以让人肠胃翻江倒海，但是却有人专门去吃毒蘑菇。2014年7月初，有这么一则新闻，家住昆明的一位妈妈在偶然吃了不熟的"见手青"之后，迷蒙之中见到了自己亡故的女儿。极度的思念，让妈妈继续多次采取了这种极端的做法。也许只有在这种菌营造的幻觉中，才能让妈妈找到些许安慰吧。但是，毫无疑问的是，这种幻觉并非总是美好的，甚至会带来性命之忧。

新闻中所说的"见手青"，学名叫小美牛肝菌。只要用手触碰那些橙黄色的菌体，就会出现青绿色的痕迹。当我们把这种蘑菇切成薄片时，这个变色过程更为明显。见手青的名字也是这样来的。

食用没有完全加工熟的见手青会引发幻觉，这在菌子产地已经是一个常识。有位朋友给我描述过见手青引起的小人国幻觉："眼前到处都是忙碌的小人，桌子上、墙壁上，甚至是大树上，都有无数的小人。简直就像童话中描述的小人国。"

目前的分析表明，小美牛肝菌中所含的毒素类似于麦角酸乙二胺（LSD），而后者是一种公认的致幻药物。说起来，LSD的发现还有几分传奇。在中世纪的时候，人们就发现食用了"长角"（其实是麦角菌的子实体）的麦粒的人，就会出现妄想、精神分裂这些奇怪的症状。而且皮肤也会有灼热感，当时的人们甚至为这些症状起了一个神秘化的名字，叫圣安东尼之火。随后的几百年间，人们一直以为这是神降下的瘟疫。

直到 1938 年，瑞典的一位科学家艾伯特·霍夫曼在实验室里提取出了麦角酸乙二胺。戏剧性的是，艾伯特·霍夫曼能认识到这种物质的作用来源于一次不规范的操作。霍夫曼在实验中意外地吃下了少量 LSD。随后他的思维就像奔腾的野马开始不受控制，世界的色彩发生了变化，之后这种症状逐渐消失了。好奇心旺盛的霍夫曼一定要找到真正的原因，于是，他服用了 250 微克的 LSD。结果，预想的幻觉来到了，整个世界仿佛被哈哈镜扭曲了一般，房间里的物体似乎都变成了怪物，最后他感觉自己的灵魂似乎脱离了肉体，几近发疯。还好，等第二天药效消退之后，一切都恢复了正常，没有留下什么后遗症。

在随后的几十年时间里，LSD 作为一种致幻剂曾一度被嬉皮士等群体滥用，但是大量服用 LSD 会导致服用者精神分裂和自杀，所以，这种药物一直是被严格管制的违禁品。

至于见手青蘑菇，虽然不是管制品，但是带来的风险也不容小视。小美牛肝菌中的毒素非常复杂，除了致幻之外，还会引发呕吐、腹泻等强烈的肠胃反应。所以，还是果断放弃用菌子体验幻想世界的想法吧！

判断毒蘑菇的土办法不靠谱

虽然小美牛肝菌在加工不当的时候，会引发"小人国幻觉"，但是在有效加工的前提下，食用还是相对安全的。姨外婆会用菌子粘不粘锅来判断这菌子有没有毒。但是这样的判断方法都只是寻求心理安慰的方法而已。

还有见手青不能与葱同炒、要用大量的油等这些炒菇秘诀，同样没有什么实质性的意义。至于见手青要切成薄片，倒还有几分道理，切成薄片，有利于均匀受热，降解毒素，降低中毒的风险。因为毒素在高温下会发生降解，所以吃小美牛肝菌，一定要吃熟的。

　　要避免中毒，唯一可靠的方法就是避免吃到毒菌，对于那些不熟悉的蘑菇，以及未知来源的蘑菇还是不吃为妙。

　　一个菌子，吃与不吃，全都在于爱。

罗汉松

＊毒种子的美味托盘

有些植物生来就是给动物吃的，香蕉、小麦、狗尾草都是如此热情，它们的果实和种子是与动物维系友谊的桥梁；有些植物向来高冷，动物跟它们似乎没有什么关系，乌头、毛茛、断肠草都是一副冷艳相，我们很少在这些植物上找到虫眼。但生物世界并不是非黑即白，很多植物其实与我们的口腹之欲保持着若即若离的关系，罗汉松就是其中之一。

最早接触罗汉松还是在大学植物分类学考试的时候。当然，这种特殊的植物是最容易记住的。扁平的叶子已经跟其他松树杉树有明显区别了，罗汉模样的"小果子"更是它们明显的特征——圆圆的光头加上双手合十的身子，真是惟妙惟肖。于是，根本没有同学在这个题目上栽跟头。

与此同时，也根本没有同学打这些小果子的主意，因为那些青涩的小果子无法同美味二字扯上关系。自然也没有同学难为我们的植物学老师来讨论这东西的"能好怎"。

很多年后，我开始认真"钻研"吃的植物学，蓦然发现罗汉松这东西竟然有可尝之处。有一次野外活动，途经广西热带林业研究中心，恰逢罗汉松种子成熟。"罗汉的身体"已经变成紫红色，光头仍然是绿色的，那是不可以吃的。于是我在孩子们诧异的目光下，吃下了不少"小果子"。

其实，我已经知道这东西是可以吃的。

罗汉松的家族

罗汉松其实是个大家族，这个属共有 100 多种，广泛分布于南半球。南半球的亚热带、热带及南温带才是它们的传统家园。北半球的罗汉松就是个稀罕物了。我国的罗汉松属植物有 13 种 3 个变种，其中就包括我们常见的罗汉松和短叶罗汉松。罗汉松的树形优美，木质硬度中等，是加工家具、文具和乐器的理想材料，只是罗汉松的木材产量很低，这些特点叠加在一起的结果就是，我们在野外已经很难看到罗汉松了。在庭院之中，我们看到的罗汉松也大多是个头低矮的盆景，如今，我们很难想象罗汉松的个头是能超过 20 米的！这一切都只能存在于想象中了。

虽然我们现在见到的都是缩微版的罗汉松，但这并不妨碍我们认真辨识。因为它们都有那个罗汉模样的"小果子"。把这些小东西叫作果子并不科学，罗汉松是一种裸子植物，怎么可能有果子呢？反观罗汉松的雄花就会发现，这些穗状的结构跟我们通常见到的油松、白皮松的雄花

*罗汉松（*Podocarpus macrophyllus*），罗汉松科，罗汉松属。
罗汉模样的"小果子"。

非常接近。

我们看到的"罗汉"其实是种子和种托的复合体。罗汉松的种子并不是完全裸露的，它外面还裹了一层肉肉的假种皮，这层假种皮来自包裹着胚珠的套被结构，把罗汉的光头扮得惟妙惟肖。不过，更让人叫绝的还是罗汉的身体——那个成熟后会变成紫红色的结构其实是一个种托。种托，顾名思义就是托载种子的结构。对于罗汉松来说，种托还有另外一个功能，那就是充当种子旅行的车票。当种子成熟，种托也会由绿变红，口味也从干涩变得多汁可口。像我这样经不住诱惑的动物就会去采食它们，而种子就会在假种皮的保护下穿过动物的肠胃，随着动物的脚步远走他乡了。

关于那颗绿色的种子的毒性，大家说法不一，有人说无毒，有人说有小毒。一向谨慎的我还是只吃了红色的种托。那这个种子究竟有没有毒性呢？

让虫子蜕皮的化学武器

罗汉松为对付动物确实准备了生物武器——植物性蜕皮激素。当然，这种激素的目标并不是我们人类，所以也不用寄希望于罗汉松让自己蜕变重生，返老还童了。植物性蜕皮激素的目标是昆虫。

在很多昆虫的生长过程中，会经历数次蜕皮，只有摆脱了原有表皮的束缚才能长得更大。小时候在家养蚕，最有成就感的时刻除了蚕儿们吐丝结茧，就是看到它们蜕皮了。每次蜕皮之后，蚕儿就像获得了新生，皮肤会变得更有光泽，胃口也会更好。这样看起来，蜕皮倒是一件好事儿。可事实并非如此，如果昆虫幼虫没有发育到特定程度，这时收到了蜕皮激素的信号开始蜕皮的话，等待它们的就只有一个结局——死亡。

对于罗汉松来说，柔韧坚硬的叶片已经打消了绝大多数食草动物的食欲，青涩果实的滋味儿也能让杂食动物知难而退，所以如何对付昆虫才是要解决的问题，蜕皮激素就成了罗汉松的防身利器。也正因如此，我们很少在罗汉松的叶片上发现昆虫啃食的痕迹，这点在紫露草身上也很明显，它们也拥有蜕皮激素这种生化武器。

有意思的是，还有一些植物反其道而行之，它们会产生抑制昆虫脱皮的毒素——植物性保幼激素。跟植物性蜕皮激素的作用相反，保幼激素会抑制昆虫的幼虫蜕皮，使他们无法长到成虫的状态，甚至导致死亡。像碎米莎草这样的植物就含有此类物质，所以也很少有昆虫敢于挑战此类植物的叶片。

不过，适当利用保幼激素也会给我们带来收益，比如当桑蚕生长后期，如果有充裕的桑叶，那我们可以将微小剂量的高效保幼激素类似物喷洒到末龄蚕体表，这样做就可以适当延长这些蚕的生长期，从而增加蚕丝的产量。

不管是蜕皮激素还是保幼激素，都能致昆虫于死地，但是对人类的影响微乎其微。今天，有机农业的地位被提升到了前所未有的高度，研发低毒、高效、无残留且对环境友好的农药是科研工作者的重要任务。类蜕皮激素和类保幼激素的开发将为我们提供新的选择。

花青素到底有多神

安心吃罢罗汉松的种托，忽然发现手指已经被汁液染成了紫红色。这完全是其中的花青素所致，并且含量还不低。忽然想到，这东西有朝一日很可能被包装成高级食品。

比起冷僻的植物性蜕皮激素，花青素的大众认知度绝对要高得多，这种植物色素被包装成了抗氧化、葆青春、抗百病的灵丹妙药。2015 年 8 月末,青海牧区的黑果枸杞遭到盗采,当地牧民与盗采者还爆发了激烈冲突。这件事情归根结底还是在于黑果枸杞中的花青素。那花青素真的有这么神奇吗?

在植物体内,花青素的主要功能就是吸引动物。一是在花瓣中,招引那些爱好花蜜的蜜蜂蝴蝶来就餐,顺便传播花粉,牵牛花就是个中代表;二是在成熟的果子中,吸引动物来取食果子,顺便传播种子,在罗汉松中即是如此。至于花青素抗氧化,在植物体内也确实存在,香山红叶即是如此。

每年深秋季节,香山的黄栌和枫树都会变成红色,这些红色就来自植物自身合成的大量花青素。这些花青素的作用就是吸收多余的阳光,中和过多的自由基,保护叶绿体的正常工作,从这个角度来讲,花青素倒真是在发挥抗氧化的作用。但是要注意的是,这是在植物体内,在人体内就未必如此了。人体的抗氧化机制与植物是完全不同的。并且,大量吃下抗氧化物质也未必是好事儿。

《美国医学会杂志》(JAMA)2007 年 2 月发表的一篇综述更加打击了抗氧化剂保健品。如果对总共涉及 23 万多人的 68 项研究进行总结,分析的几种抗氧化剂(维生素 A、E 和 β - 胡萝卜素)对于死亡率没有影响。科学松鼠会的云无心博士曾撰文指出,到目前为止,对 47 项靠谱的高质量研究(共约 18 万人)进行分析,这几种抗氧化剂甚至小幅度增加了死亡率。过度抗氧化会带来更多的不确定性。

如果说吃花青素真能返老还童,那么这个副作用咱们也就认了。但关键问题是就目前的人体实验结果来看,吃花青素几乎没有明显的效果。这样看来,我们完全没有必要去纠结这种特别的物质。即便是本着"有总比没有好"的心态去补充花青素，那我们选择多吃一点紫甘蓝、红菜苔和红苋菜就没问题，完全没必要让自己的荷包出血。

　　说到底，罗汉松仍然是一种供赏玩的植物，于眼于口都是如此。我们不妨静下心来端详一下这种特别的植物，体会一下生存秘诀的故事，这恐怕比所谓的保健广告更能让我们舒心愉悦！

红豆杉

* 不要随便扯树皮

多年前，我第一次听说红豆杉这种植物，是因为新兴抗癌药物原料的身份给它们引来了杀身之祸——成片的红豆杉林被剥去了树皮，那样凄凉的场面至今仍印在我的脑海里。后来，在西南山地调查当地的兰科植物，又一次在火塘旁边碰见了红豆杉。当地人似乎根本不知道这些木材的树皮价比黄金。他们只是默默地塞上一根进入火塘，在湿冷的冬日中燃起暖暖的火苗。如今，红豆杉被请进了花盆，成了高档的礼品花卉。并且还被赋予了净化空气、增加居室含氧量、防癌抗癌等诸多功效，仿佛就是一个多功能的健康卫士。可是，这样的小树苗真的有这般神奇吗？

*红豆杉（*Taxus chinensis*），红豆杉科，红豆杉属。
或绿或棕的球果。

长红豆的杉树

在没有见过活的、结种子的红豆杉之前，我根本无法想象还有这么美丽的裸子植物。谁让我们平常见到的油松、雪松和云杉都是一副朴素打扮，除了褐色的树皮、深绿色的叶，就是偶然冒出头的或绿或棕的球果。

红豆杉绝对是个异类，它真能结出红豆一样的"果实"。它跟上述常见的裸子植物关系并不亲近。如果你认为它是杉科植物的一员，你就上当了；如果你认为它们的特征就是个红"果子"，那就再次上当！那个红色的"种子外套"实际上是被叫作"假种皮"的结构。它是由供胚珠依附生长的珠托发育而来。

红豆杉是红豆杉科红豆杉属植物的通称，全世界共有 11 种，主要分布在温带和亚热带地区。分布于我国的主要有云南红豆杉、西藏红豆杉、南方红豆杉和东北红豆杉。论历史，红豆杉在树木里面算得上是元老级的物种，这些植物都是经历了第四纪冰川考验的孑遗物种，也是这个原因，红豆杉家族并不繁盛。

不过，红豆杉的木材品质很不错，木质坚实细腻，并且心材和边材的质量没有什么区别，可以成为家具、雕刻、船舶等制品的优良原料。当然，如此高密度的木材必定是好燃料。正如文章开头所说的，西南的山地居民并不认为红豆杉跟其他烧柴有什么区别，我就亲眼看见当地的百姓把红豆杉随意塞进火塘，只因为红豆杉的木头"火旺，燃得久"。他们全然不知这些木头的身价已经"点火升空"了。

抗癌的树皮也别随便嚼

其实，红豆杉在地球上生存了上千万年，一直都是山林中默默无闻的配角。之所以出名，还是因为从它们的树皮中发现了能治疗癌症的药物——紫杉醇。后来，它们的神奇功效被屡次放大，在云南我就多次碰到过推销红豆杉砧板的小贩，他们宣称这种神奇的砧板能防癌抗癌。实际上，有效成分紫杉醇几乎都集中在树皮中，那块砧板同竹砧板并没太大区别。

话说回来，紫杉醇并不神秘，它的本领就在于可以影响癌细胞的分裂增殖：在细胞一分为二的时候，会形成一种叫微管的结构附着在复制好的染色体上，并把它们平均拉到两个细胞中去；而紫杉醇的作用就是将本来应该分裂开来的癌细胞硬生生地揉在了一起，这样"变态"的细胞不久之后就会被人体清除掉。因为癌细胞分裂旺盛，所以只要加以抑制，症状就会得到缓解。

不过，正常细胞也在不间断地分裂，也会受到紫杉醇的影响。所以说，即使你愿意在闲着无聊的时候扯下一块树皮当口香糖嚼，或者泡茶喝，起到的也不是保健作用，反而有可能会影响正常的人体机能。这样做不仅会使血小板数量下降，还有可能引起心动过缓等心脏病变。

说到底，紫杉醇是药物，不是什么保健品。就像我们不能吃青霉素来预防细菌感染一样，嚼红豆杉树皮来防癌无异于是大热天穿棉袄来预防冷空气侵袭了。所以，红豆杉砧板上不含紫杉醇也算是一件幸事。

生长慢悠悠

至于商家的广告中说红豆杉是 CAM 植物，能够 24 小时吸收二氧化碳，不过是玩了个大众不熟的科学概念。CAM 植物全称是景天酸途径植物，它们只有在夜晚打开气孔将二氧化碳收集起来，其目的就是在白天不用开气孔，从而降低了水分的丧失。这样看来，这种夜晚吸收二氧化碳的植物挺符合朝九晚五的上班族的需求，能够在我们熟睡的时候清理二氧化碳，大概能让我们的睡眠质量更高。等等，它们吸收二氧化碳，可不代表它们不放出二氧化碳（植物要生长也需要像我们一样呼吸，吐出二氧化碳）。如此相抵，CAM 植物也不比那些白天工作夜晚休息的植物高明多少。况且红豆杉也并非是 CAM 植物，想要获得神效就算了。

要通过种树收集到足够的紫杉醇也并非易事。红豆杉生长非常缓慢，实生苗植株高度和茎粗在出苗后前 2 年生长更为缓慢，每年增长不足 10 厘米，腰围（茎粗）只能增加不到 2 厘米，自第 3 年起生长速度才逐渐加快。在中国林业科学院对云南红豆杉的调查中发现，树龄在 13 年的幼树平均胸径只有 5 厘米，95 年的大树的胸径也只有 25 厘米。苗圃中那些不紧不慢地伸展枝条的红豆杉，显然无法满足制药厂的需求。出于阴谋论考虑，商家之所以将红豆杉当盆景出售，就是因为它们长得实在是太慢了。

商家要把它们从小苗养成可供提取紫杉醇的大树，恐怕工厂早就关门了。目前，科学家们正试图用细胞培养的技术直接从细胞中获取紫杉醇。目前，这种技术已经露出了曙光。特别是用真菌来刺激红豆杉的细胞会有比较明显的效果，甚至可以提高到原来的 1.6 倍，量产只是时间的问题。这样的结果多少可以让那些野生红豆杉小小地舒口气吧。

顺便说一下，如果你已经买回了红豆杉，可千万不要总让它们晒太阳。这些家伙更喜欢阴湿环境。如果日光浴晒多了，叶片枝条变黄是常事，甚至还有让你清理花盆的危险呢。不过要是完全遮阴，红豆杉也会发蔫，而在适当透光度的林隙间，红豆杉却生长良好，径向生长及生枝的速度也比较快。没办法，这家伙就是这么娇贵。

客观地说，红豆杉是美丽的，特别是那宛如红豆的种子和假种皮，并且红豆杉确实是同银杏一样的活化石呢。看着小红豆，遥想一下那个远古的年代，倒是个不错的舒缓紧张神经的方法。

∞ 美食锦囊

含紫衫醇的砧板有用吗？

自从在红豆杉中发现了抗癌良药——紫杉醇，这种与罗汉松近亲的植物身价暴增，不仅药物含量高的树皮销路极好，连树干都被切成砧板来卖。据说，用这些砧板切菜也可以抗癌。且不说树干中的紫杉醇含量太低，紫杉醇的抗癌原理是通过组织细胞正常分裂实现的，并且不仅仅针对癌细胞，连正常细胞也会被波及。对癌症病人是好药，对正常人就是毒药了。那样昂贵的砧板不要也罢。∞

紫背天葵

* 经典小菜中的毒药

　　从人类这个物种诞生开始起，我们就在与不同的食材做斗争，有些食材进入了我们的食谱，有些食材因为种种风险又被踢了出去。即便是吃了上千年的食物也可能碰到这样的尴尬事儿。紫背天葵就是其中之一。

　　我第一次吃到紫背天葵是在一家叫懒人餐厅的川味馆子里面，一道"红凤菜熘肝尖"的味道久久环绕在我的舌尖之上。红凤菜——紫背天葵里淡淡的菊花味儿，加上稍稍的滑腻感，与猪肝的软糯和微微的苦味儿交织在一起，再加上有几粒麻椒提味儿，堪称完美。其风头完全盖过了椒麻鸡、口水兔和跳水鱼。后来我又时不时地去那个馆子里再点这道菜。后来，在两广地区多有活动，这才发现红凤菜根本算不上什么新鲜菜，馆子里的上汤红凤菜、麻油炒红凤菜都是家常味道。还有人相信,菜碟里面红色的汤汁有补铁补血的功效。于是,红凤菜成为一道家常菜也就不足为奇了。

可是近来,红凤菜惹上了大麻烦,据说吃这种菜会伤肝伤肾,并且是永久性的损伤,甚至会导致癌症。这种经典蔬菜到底还能不能吃,它们会给我们带来什么样的麻烦呢? 之前说的补铁补血的说法又是不是真的呢?

经典又新鲜的菊科小菜

紫背天葵之所以被叫作红凤菜,大概是因为,那些柳叶状的叶片聚集在一起,很像凤凰的尾巴。某日,我读到一本《菜市场蔬菜图鉴》,发现作者的爱好竟然与我相同,当然身居华南的她多了与紫背天葵的亲密接触——"细嫩的红凤菜加姜丝,用麻油清炒,就是至味一道,每日都会出现在祖母的餐桌之上。当然也有人因为其中奇怪的味道,拒之千里。"这种叶片面绿背红的蔬菜,我们已经吃了很多年了。

说起来,紫背天葵和向日葵真的是一家,它们都是菊科家族的成员,只是紫背天葵并非因此得名,国人在吃紫背天葵的时候,向日葵还远在南美老家呢。倒是跟我们中国另一道传统蔬菜——葵,有很大关系。

葵并非菊科植物,而是锦葵科的植物,这种植物在唐朝及唐朝之前一直是中国的百菜之王。它们的掌状叶子绿中带红,炒制之后有很强的滑腻感。其色泽和口感跟紫背天葵非常像,紫背天葵的名字大概就来源于此。除了红凤菜,还有同属的白色品种被称为白凤菜,只是并不为我们食用罢了。

不管是红凤菜还是白凤菜,都有一种特殊的气味儿。那是菊科蔬菜特有的气味，一种由烯萜类化合物决定的特殊气味。茼蒿，苦菊（菊苣），油麦菜（莴苣）这一众菊科蔬菜或轻或重，都有类似的气味儿，可谓爱者极爱，恶者极恶。倒是有一点可以肯定，种植这种蔬菜几乎不用施用化肥，虫子们对这种重口味儿的蔬菜退避三舍。再加上红凤菜容易种植，看起来，简直是为目前倡导的有机农业量身打造的。

不过，近来喜欢吃红凤菜的朋友碰到一个麻烦，有报道称，红凤菜中含有很多危害肝脏的物质。这种菜我们究竟还能不能吃？

伤肝毒药有多狠

紫背天葵中确实含有能够伤及肝脏的化学物质——吡咯里西啶生物碱（PAs）。这些化学物质确实能危及我们的肝脏。

PAs在植物世界中并非稀奇的成分，大约有3%的植物都含有这种物质，其中尤其以紫草科、菊科和豆科植物为甚。这些植物中的PAs可能会给我们带来不小的麻烦。在一些流行病学调查中，食用富含PAs的主食，或者经常饮用药草茶都会导致肝病发病率的上升。

说起来，PAs并没有直接毒性，只有在我们机体内进行代谢产生了代谢吡咯之后才会露出凶相。这些代谢吡咯有很强的抢夺电子的能力，所以它们可以抢夺核酸、蛋白质等一众物质的电子，最终造成细胞损伤。因为这种代谢通常发生在肝脏中，所以肝脏就成了被侵袭的重灾区。另外，PAs还可能导致细胞的凋亡或死亡，而引起肝细胞出血性坏死、肝巨红细胞症及静脉闭塞症等肝损伤问题。

如此看来，PAs绝对是凶狠的杀手，那含有这种物质的红凤菜还适合成为我们的食物吗？

风险背后的理性思考

有一日，我游荡于西双版纳的一个小小菜市场，放眼望去，菜摊上售卖的很多野菜都是有毒的，像龙葵的叶子、木蝴蝶的果子、蕨菜的嫩叶，甚至还有一些夹竹桃科和萝藦科这些毒科的植物，那些乳白的汁液让我这个顶着植物学家头衔的食客心头一颤，这些可都是毒物的标志！细细观察就会发现，当地人采食的野菜种类非常多，一次的食用量也非常有限，这在很大程度上，避免了中毒惨剧的发生。

有人说，那很多毒性物质可以被我们的机体代谢掉，而像红凤菜的毒素却能造成永久性的伤害。这点所言非虚，但是我们机体仍然有很强的修复能力，只要在伤害和修复之间取得平衡，我们的机体就能正常运转。

在食品学界流传着这样一句话，"脱离了剂量谈危险都是耍流氓"。但是，很多科学工作者或者相关的媒体报道人员，都在有意无意地放大风险。就像当年鱼腥草被爆出含有马兜铃酰胺，会伤害肝肾；蕨菜被爆出含有致癌物质。一时间，就让人感觉只要吃下这种东西就一定会被送进医院，万劫不复。但事实并非如此严重，到目前为止，还没有流行病学调查显示，大量进食这些蔬菜的区域的肝病发生率有异常上升的情况。绝对的抗拒某种食物，并不是理性的做法，这在某种程度上类似于偏信某种食物能够包治百病。

相对而言，提高食物的多样性，才是我们普通人最容易操作的，也最容易实现的降低风险的饮食方法。在食品安全被大家日益重视的今天，这个原则显得尤其重要。我们经常说"不要把鸡蛋放在一个篮子里面"，这句话同样适用于吃这件事儿。当然正确处理红凤菜也可以在很大程度上降低风险，比如足够长时间加热可以使 PAs 分解，达到降低风险的目的。

就在反对红凤菜上餐桌的声音越来越响亮的时候，仍然有人坚持红凤菜对人体有莫大的好处，理由是补铁补血，这又是真的吗？

红色的汁水是铁吗？

炒红凤菜的时候，一定会渗出很多红色的汁液，这也是很多人认为红凤菜补铁补血的原因。但是，这种红色跟铁元素毫无瓜葛，也就更谈不上补血了。

红凤菜的红色来源于其中的花青素，前面说的那种很有意思的色素——红的玫瑰、蓝的蓝莓、紫的甘薯，以及漫山遍野的香山红叶都是花青素的功劳。花青素在植物体内承担着很多重要工作，比如在玫瑰这样的花朵中，它们是蜜蜂收集花粉花蜜的招牌；在苹果、蓝莓的果皮之上，它们是勾引动物大嚼的信息；在香山红叶体内，它们又变成了保护叶片免受低温日照伤害的防晒霜。至于在我们的餐桌之上，更显诱人，且不说红红的大苹果、艳丽的紫甘蓝，那些彩色的玉米粒、暖暖的紫米粥也都是花青素的功劳。

但遗憾的是，花青素的分子中并无铁元素的存在，所以即便它们艳红似血，也很难为我们补充铁元素。此外，花青素也没有刺激红细胞产生的能力。这样看来，红凤菜补血不过是个以形补形的美好愿望罢了。

这样看来，只要花青素能够点亮我们的餐桌，刺激大家的胃口多多均衡摄入营养，才是它更实用的价值。

叶子背面的反光板

在红凤菜身体之上有个特别的现象，那就是叶片的面绿背红。这可不是红凤菜为了显示自己特立独行的独特装扮，这种现象有着明确的生物学意义。

通常来说，太阳光透过叶片之时，叶片只有一次捕捉阳光的机会，这对于个头高大的大树并不是问题。它们占据了最好的位置，可以尽情享受阳光大餐。可是居于树下草本层的植物就悲惨多了，它们能吃到的阳光都是被大树层层盘剥之后的剩饭。所以，如何吃饱肚子就成了这些小草要考虑的问题。

解决办法之一就是增大叶片的面积，这点在海芋身上表现得尤其突出。一张叶片可以变成一把两人共用的雨伞。不过，大的叶片面积也会带来麻烦，比如叶片中心的散热问题、生长空间的问题，等等。所以像紫背天葵这样的植物走了另外一条道路，那就是假装反光板。叶片背面红色的花青素，使得穿过叶片的太阳光被反射，再次通过叶绿体。这就大大提高了阳光利用率。不过又为什么是紫红色而不是其他颜色呢？

这是因为光合作用中利用的是特定波长的光线，主要集中在红光区域和蓝紫光区域，至于其他颜色的光就是可有可无的了。所以紫背天葵背面的"反光板"就是紫红色的。这也是植物对弱光环境的一个特殊适应，相似的情况在秋海棠、红背桂等植物的叶片上也能见到。

在生活中，我们总在面对不同的选择，我们享受选择带来的快感，也必须承担选择带来的风险。吃与不吃，也是一个权衡的问题。在了解食物的真相之后，善用自己手中的选择权，不轻信，不盲从，才会让吃变成一件快乐的事情。

*秋海棠（*Begonia grandis*），秋海棠科，秋海棠属。
叶片面绿背红。

∞ 美食锦囊

花青素含量高的食物有哪些?

很多彩色蔬果的花青素含量都很高,比如紫甘蓝、紫甘薯、紫米等,这些植物中都含有大量的花青素。

怎样烹制彩色蔬果才漂亮?

花青素的颜色受 pH、金属离子、温度等因素影响很大。所以想要得到漂亮的颜色就需要注意控制这些条件。特别是尽量避免接触碱面或者碱性的调味品。碱面会让这些食物变成蓝色,对人的食欲有很大影响。∞

漆树油

＊炖鸡用的大"蜡块"

　　我们在野外的时候，最让人担心的不是带刺儿的酸枣，不是浑身毒针让人起水泡的蝎子草，也不是号称见血封喉的箭毒木，而是相貌普通的漆树。酸枣和蝎子草虽有张牙舞爪的外貌，但我们完全可以避开；而箭毒木数量太少了，要想遇到还得碰运气，况且它们的毒液在树皮之内，也不在急需防范的名单之内。而漆树就不一样，这种长相普通的植物对大多数人都有杀伤力，而且这种杀伤是延时的，往往是在触碰漆树一两个小时之后才会发作，这一发作就是严重的过敏反应——轻则皮肤红肿瘙痒刺痛，重则水肿破溃，甚至会导致组织坏死，那绝对不是好玩的事情！所以在经常进行户外活动的人看来，漆树的危险一点都不亚于毒蛇。

　　正因如此，在云南第一次碰到漆油炖鸡这道菜的时候，尤其是看到

*漆树（ *Toxicodendron vernicifluum* ），漆树科，漆属。
切开树皮后有灰白色汁液流出。

厨娘把硕大的一块灰白色漆油放进锅的时候，我的心就狂跳不止，面对这种特别的美食，强大的吃货好奇心催我拿起筷子，但是经验又告诉我，漆树可是毒蛇植物，这东西究竟能不能吃呢？但是，老乡告诉我们的是，漆油炖鸡可是大补之物，生完孩子的产妇都会横心吃下一块鸡肉。漆油滑腻的口感裹着鲜嫩的鸡肉，再加上调料的辅助，真是不可多得的美味。

为什么触碰漆树都会过敏的我们可以大胆吃下从它们果子榨出的油呢？漆树与我们平常使用的油漆有没有关系呢？

贡献美丽"塑料"的大树

我们在不同地域进行野外工作的时候，漆树都是需要重点盯防的植物，因为它们的分布区域太广了，从东北的辽宁到西南的云南，从西北的甘肃到东南的福建，都有它们的身影。广义上说，生长在我国山岭之间的 15 种漆树科漆属的植物都可以被称为漆树，包括了漆树、野漆树和木蜡漆等。这些植物有着漆树属植物共同的特征——植株分为雌树和雄树，都有黄绿色的小花，切开树皮后有灰白色汁液流出，并且会让人过敏。当然，这些家伙除了找麻烦，还为我们的生活提供了美丽和便利。

每年 6 月，入夏之后，漆农们就要开始忙碌了。割开漆树的外皮，让其中的汁液流淌而出，收集在漆片之上，然后再集中在一起。这些收获就是天然生漆了，或者被称为大漆。割漆是个技术活，就像割橡胶一样，技术不好轻则影响产量，重则导致漆树死亡。与收割橡胶不同的是，中国割漆的历史要长得多。

1978 年，考古工作者在浙江余姚发掘了一个髹漆木碗。这说明，在距今 7000 年前的河姆渡时期，我们的祖先就开始使用天然的生漆来装点生活器皿了。到了尧舜时代，漆器仍旧是首领才可以使用的食器和祭祀用品。

到汉朝时候，漆器的地位达到了顶峰，此时漆器的器型、用途都令人惊叹，不管是盛菜用的碟子、盛饭用的勺子，还是喝酒的酒具都是漆器，这点我们可以在反映秦汉食器历史的古装剧中感受一二。不过，随着瓷器制造技术的成熟，这种更为经济实用的材料逐步取代了漆器，特别是对于下层市民来说，瓷器远比漆器结实耐用，并且用途更为广泛。所以，从东汉之后，漆器更多地从家常器具转变成艺术品。漆器工艺也在一直发展壮大，将我们的生活装点得丰富多彩。

可是问题来了，既然我们都不愿意触碰漆树，那割漆的人为什么能亲密接触呢？到底是什么物质让普通人退避三舍呢？

漆树的慢性毒药

实际上，漆树让人过敏的物质就是漆农们要收集的物质——漆酚，它们占生漆总质量的 40% ～ 80%。漆酚是一组物质的通称，它们都有一个由苯酚或二苯酚基团构成的大头，以及一个长长的烃基"尾巴"。根据烃基"尾巴"饱和度的差别，可以分为饱和漆酚、单烯漆酚、双烯漆酚和三烯漆酚等，这些家伙是生漆的主要成分。生漆最终形成的漆膜，就是由这些酚手拉手联合起来的结果。这个过程几乎与我们今天人工生产塑料的过程是一样的。只不过人工生产塑料需要添加催化剂，而生漆则是自带催化剂的，那就是漆酶。

在漆树中以及刚刚被收割的时候，漆酚都不会被聚合成塑料，那是因为漆酶被一些特殊的蛋白质（糖蛋白）包裹着，不会与漆酚接触。糖蛋白会在漆酚里形成一个个肥皂泡一样的结构，而漆酶和水就被包裹其中。当生漆被涂抹在目标表面的时候，这些"肥皂泡"发生破裂，漆酚在漆酶的驱使下，就拉起手来，变成了天然塑料——漆膜。

当然，漆酚并不是为我们刷漆做家具准备的，它们本身就是漆树对付动物们的武器。漆酚经过接触进入我们皮肤之后，就会与组织结合，这时免疫系统就拉响了警报，那些与漆酚结合的细胞都成了要被清除掉的入侵者，于是红肿瘙痒接踵而至。如果得不到有效的抗过敏治疗，这场战斗将一直持续下去。一名孩子因为玩耍生漆导致过敏后，父母只是带孩子进行了简单的抗过敏治疗，症状暂时得以缓解。但是一个月后，孩子的手指已经出现了坏疽，父母这才带孩子就医，庆幸的是孩子手最终保住了。但是，不得不惊叹于漆酚的威力。

时至今日，生漆仍然是我们生产生活中所需要的重要化工原料，通过分子上的改造，我们已经制造出了相对安全的漆酚缩甲醛、漆酚环氧树脂等优秀的材料。但是，我吃的那块大漆油显然是没有经过加工的，那我们为什么没有过敏呢？答案很简单，漆树油里面几乎是不含漆酚的。

漆树油的美味

漆油与生漆的来源完全不同，它们来自漆树的果实。虽然漆树果皮中也有能分泌生漆的树脂道，也含有少量的漆酚，但与从树皮受伤流出的汁液相比，就是九牛一毛了。

我们炖鸡用的漆油实际上是漆蜡和漆油的混合物，它们分别来自漆树果实的果皮和种子。漆蜡，物如其名，就像一大块石蜡，它主要储存在漆树的中果皮之中。漆蜡的主要成分几乎都是饱和脂肪酸，其中 70%以上是棕榈酸，还是 5% 左右的硬脂酸。这就有点像我们平常用到的方便面的酱料包，它们通常也含有大量的棕榈油，所以这些调料在室温下也是呈块状的。虽然漆蜡中也有 15% 左右的不饱和脂肪酸——油酸，但是这并不足以改变漆蜡的固体性状。从脂肪酸的组成上来说，这显然不符合现代饮食的健康理念。但是这些饱和脂肪酸确实会为我们的食物带来特殊的风味儿。但就味觉而言，饱和脂肪酸比不饱和脂肪酸有更足的风味儿和饱足感，这也是为什么我们天生更偏好于黄油、牛油以及大块棕榈油的原因。

相对而言，来自种子的漆油就要健康许多了。漆油中含有 60% 亚油酸和 20% 油酸，接近于葵花籽油中不同脂肪酸的配比。但是相对于果皮来说，种子对漆蜡混合物的贡献就有限了，甚至是没有明显改变。

到目前为止，漆蜡大多还维持着小规模生产，通常是直接压榨以及用水煮法提取，加上本来有限的产区，就让这种油脂颇有几分神秘色彩。但是，"产妇生产之后，吃漆油炖鸡，三天之后就能下地干活"，这种做法是无从考证的。可以肯定的是，如果漆树油能达到这个效果，那棕榈油和花生油的混合物也可能达到类似的效果。我们姑且把这个"神效"搁置一旁，单单享受滑嫩的又不需要担心过敏的漆油炖鸡，难道不也是乐事一件吗？

不好惹的漆树家

我们中国有句古话叫"明枪易躲，暗箭难防"，这话放在漆树科植物身上再合适不过了。很多人会小心躲开漆树的骚扰，但是一不小心就会掉进芒果的陷阱。

千万要记住芒果也是漆树科的成员，它们也含有微量的漆酚，所以引起过敏也就不奇怪了。但是对喜好这种热带水果之王的过敏者来说，就成了两难的选择。我身边就有这样的好友，每次看到芒果都异常兴奋，但是每次接受芒果洗礼暗爽之后，必然要付出嘴肿腮帮子肿的沉重代价。但是，好友仍旧乐此不疲。还好，过敏症状并没有直接接触漆树那么严重。

另外，高档坚果腰果——也是漆树科的成员。还好我们在吃这种坚果的时候，有毒的外壳已经被去除了，但是在腰果果仁内部，仍然存在致敏物质，包括三种蛋白质（Anao 1、2 和 3）。所以，腰果仍然是一些过敏患者的噩梦。令人高兴的是，科学家们已经找到了解决腰果过敏的方法，通过亚硫酸钠来处理腰果，可以在很大程度上破坏过敏原，最终让所有人都能享用腰果的美味。

不管是美丽的漆器，还是美味的漆蜡，都是人类生活智慧的结晶。在与自然相爱相杀的过程中，我们也在不断学习。与地球协调发展，才是我们尝试毒草的终极目的。

∞ 美食锦囊

哪些水果容易引起过敏？

菠萝就是容易引起过敏的水果，其中所含的菠萝蛋白酶是引发过敏的元凶。只要经过简单的盐水浸泡处理就可以消除这种风险。另外，低蛋白酶的品种已经越来越多，那些因为过敏对菠萝退避三舍的朋友也可以享用菠萝了。∞

植物学家的

推！荐

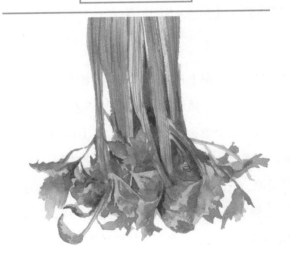

芹菜

* 杀精利器还是保健福星

　　有段时间老婆每天早上都要喝一大杯蔬菜汁。那杯汁水里面混合了胡萝卜的橙和芹菜的绿。做法极其简单，就是把所有材料一股脑放进榨汁机，搅打之后，放出色彩奇异的液体，而且不加糖。据说这种特制饮料有清血液、润肠道、美容养颜、减肥瘦身之功效。至于味道，看看老婆那种屏息凝神、一饮而尽的架势，就能略知一二了。这样的情形坚持了一月有余，老婆屡次试图拉我入伙，扩大同盟战线。在我的坚决抵制下，同盟协定未能通过，至此，这种奇异的饮料从我们家消失了。

　　说实话，芹菜是我超喜爱的蔬菜之一。在我们印象中，童年有两道菜最好吃，一道是青椒肉丝，另一道是芹菜肉片。我总觉得，芹菜那种特有的辛香味才能衬出肉片的鲜美，于是在盘子里挑完肉片之后，又会

*芹菜（*Apium graveolens*），伞形科，芹属。
具有独特气味。

偷偷地打开装半熟酱油肉片的罐子（在冰箱普及之前，略微炒制是保存肉制品的普遍做法），把二者搅拌起来，大快朵颐。

芹菜也不会让素食者失望，把芹菜叶摘去，茎秆统统切成麻将牌长短的小段，入开水锅氽烫至深绿色，迅速捞出，过冷水，加麻油、精盐，和处理好的山杏仁一起拌匀，配粥下酒皆可，可做家常小食，也上得了宴席台面。总之，是让人越吃越开怀的佳肴。当然了，像我老爸那样的芹菜爱好者，还喜欢把芹菜切丝，浇上现炸的花椒油，拌上麻油和醋，也是美味一道，只是我并不喜欢芹菜的生味。不管怎样，芹菜总是我们家餐桌上的常客。

有一天，老婆喜滋滋地跟我说："幸好你没跟我喝芹菜汁，那玩意儿杀精。我觉得要限制咱们家吃芹菜的次数。我还要生个女儿呢！"

东西方大香草

虽然我们的餐厅里有芹菜香干、西芹百合、芹菜牛肉丝等一大票与芹菜有关的菜肴，但芹菜却并非中土植物，这种伞形科植物的老家在地中海。地中海一带可谓伞形科植物的福地，像胡萝卜、莳萝、小茴香等都发源于此，也正是如此，我们在地中海菜肴中经常会碰见这些有着独特气味的家伙。至于芹菜，自然不会被落下。早在公元前9世纪，古希腊史诗《奥德赛》中就有对这种香草的记述了。据说，芹菜叶一度还被当作月桂叶的替代品，装饰在冠军的桂冠上。到了古罗马时期，芹菜又变身成为药草，据说有预防中毒之功效。

实际上，在很长一段时间里，芹菜都不是西方蔬菜的主力，充其量能提供一点特殊的香气。这个阶段的芹菜个头都非常小，直到17世纪，芹菜才在欧洲大陆迎来了春天，在意大利、法国、英国等地，改良活动蓬勃进行，最终出现了叶柄厚实（我们吃的芹菜秆不是茎，而是叶柄，芹菜的茎缩得很短）、味道小的品种——西芹。后来，瑞典人进一步改进了芹菜的仓储技术，同时筛选出了没有药味、适合生吃的沙拉品种。我在斯德哥尔摩吃过这样的芹菜，就那样华丽丽、直挺挺地戳在盘子里，同行的瑞典朋友，拿起来就大嚼起来，而我总有几分心理障碍，因为我们熟悉的芹菜没有这样吃的。

最早，芹菜不远万里，途经印度，来到中土大地拓荒。在公元 10 世纪的时候，"西洋旱芹"就开始在我国广泛种植了，得名旱芹。不过，习惯熟食的国人并不介意芹菜的气味，结果，直到今天，我们栽培的这一支芹菜还有浓烈的味道，被冠以药芹菜之名。

芹菜的气味是种特殊的味道，爱者极爱，恶者极恶，倒是跟香菜的味道有几分相似。没办法，作为伞形科植物的同门，它们体内都蕴含了丰富的萜烯类物质（比如柠檬烯、β-芹子烯），为蔬菜平添了几分柑橘和松香的滋味。不过，芹菜有自己个性的滋味，来源于一类叫邻苯二甲酸内酯的东西，正是因为这类物质的存在让芹菜拥有了自己特别的气味儿。

不管怎么说，芹菜的特殊味道确实吓走了一批人，他们不用再面对芹菜保健和杀精的话题，但是喜爱杏仁芹菜的我们又该何去何从呢？

芹菜能杀精吗？

关于芹菜杀精，我真的有几分紧张，因为我嗜好这种蔬菜，同时还肩负生二胎的重任，倘若传言属实，这芹菜还能不能再吃？

作为一个死理性派吃货，追根究底是不变的本色。于是，上网找资料检索。截至 2016 年 6 月 20 日，谷歌检索到的芹菜杀精的条目有"219,000"

条，并且相关的宣传又言之凿凿，还有实验数据支撑，连元凶身份都是板上钉钉的——芹菜素被定性为幕后黑手。为了解决心头的疑惑，还是自己去考证原始资料吧。

翻阅原始资料，发现个有趣的现象，很多针对芹菜和精子活力的实验都是与计划生育有关的项目，乍看起来，确实是有板有眼，几乎就把芹菜定罪。等等！细看才发现，问题并非这么简单。不单单是因为实验只涉及了小鼠，更有意思的是实验中更是以精子的部分运动性能来推定精子的活力，并且不同实验的结果也不同。比如，在兰州大学 2007 年的一项试验中，研究人员认为，连续灌了 28 天芹菜汁（多么残酷的饮食）的小鼠的精子运动速度放缓了，并且精子密度也有了降低；但是，在兰州大学 2009 年的另一项试验中，小鼠精子活力的降低却不明显，更有意思的是，那些大剂量灌服芹菜汁的小鼠精子密度竟然增加了！英勇的鼠爷儿们，再一次用实际行动证明了自身强大的生殖能力！

那么，芹菜杀精为何有那么多传言呢？翻阅文献的时候发现，几乎所有与芹菜杀精相关的文献都不约而同地引用了一篇名为《芹菜中活性成分的研究进展》的文章。于是，我忙不迭地去找这篇文献，据此文记载，泰国的一名医生经过 10 年的吃芹菜实验，终于得出了此结论。作者在文中对泰国医生的实验进行了细致描绘，其中，竟然不同的对照组还会分别吃到生芹菜和熟芹菜，最终得出结论，无论生熟都能杀精。好吧，看来我们的考证接近了真相。但是，文章中的一个"据有关报道"，彻底揭穿了这个骗局，因为，这个有关报道竟然是泰国某网站的一条花边消息，根本就不是正规的学术研究报告。

至此，真相大白！所有关于芹菜杀精的流言竟然源起于一条小道花边消息。不得不感叹，基于此文做研究的科研人员，也许从来都没有想过这个问题。对了，我顺利地生了一个女儿呢。

那么，芹菜素对细胞的攻击力都是假的吗？非也！

癌细胞的克星

芹菜素的杀伤力确实存在！就目前的研究结果来看，芹菜素在杀伤癌细胞方面有着自己独到的作用，很可能在不久的将来会出现在抗癌药物的队列里面。

不过，芹菜素并不是直接杀死癌细胞，而是开启癌细胞的死亡开关。一般情况下，人体内的细胞都有自己的生命周期，当细胞发生损伤或者因为衰老出现错误的时候，死亡程序就开始了，在这个过程中，细胞器会逐渐瓦解，细胞中有用的材料会被拆解下来，运送到需要它们的地方去，而不能再使用的废料就会通过排泄系统排出体外，这个过程有个专有的名字——凋亡。整个细胞凋亡过程就像拆除老旧的危房一样，当然，这中间会有一些无理取闹的钉子户，不拆不拆就不拆！但是这种屋子已经没有办法再住人了，于是就出现鬼屋一样的存在，但是它们还占用着宝贵的土地。癌细胞也是这样，不仅对身体没一点作用，而且占用了正常细胞的位置，更令人发指的是，这些家伙是可以不断分裂的，从而扩张自己的地盘。当癌细胞的地盘过大的时候，人体器官就失去了正常的功能，于是整个人体就崩溃了。

而芹菜素的功能就是启动癌细胞的死亡开关，强制癌细胞拆迁。就目前的实验结果来看，芹菜素是通过控制癌细胞凋亡基因的表达来达到目的的，并且，芹菜素对于鼻咽癌、肺癌、肝癌、结肠癌、膀胱癌、乳腺癌等多种癌症细胞都有一定作用。

那么，吃芹菜能防治癌症吗？答案当然是否定的。因为所有的实验都是在纯芹菜素制剂的条件下取得的，且不说我们平常吃的芹菜远远达不到剂量，单单是把芹菜素送到合适的位置上，让它们对癌细胞发动进攻都是无法做到的事情。如同嚼富含紫杉醇的红豆杉树皮不能抵抗癌症一样，想靠吃芹菜来预防或者治疗癌症都是天方夜谭。我们只能寄希望于科研人员让芹菜素尽快成为抗癌药物的一员。

健康利器靠谱吗？

这样看来，芹菜就真的是百无一用的蔬菜了吗？当然也不是。因为芹菜中含有大量的纤维素，换个时髦点的说法就是富含膳食纤维。芹菜中可溶性膳食纤维占干物质总重的 9.2%，不溶性膳食纤维占 60% 左右。这些纤维有一些针对现代富贵病的绝招。

现代饮食的弊病不在于缺什么，而在于吃得太多了。虽然像我这样的饕客还在孜孜不倦地寻觅美食，但是很多人已经被好伙食带来的疾病缠上了，像糖尿病、高血压、心脏病等一系列疾病都是来势汹汹。而芹菜恰恰有几个绝招，能化解弊病。

第一奇招，膳食纤维可以附着在小肠壁上，形成一层薄膜。因为膳食纤维本身不能被吸收，所以这层膜会维持一定的时间，而那些可以被小肠吸收的糖类物质也被挡在小肠之外了。这在一定程度上可以延缓血糖升高，控制糖尿病患者的病情。

第二奇招，膳食纤维可以抑制胆固醇的吸收。一般情况下，肝脏会分泌胆酸进入肠道帮助消化，这个过程会消耗胆固醇。在完成了消化使命之后，胆酸会被肠道回收，进行新一轮的消化过程。而膳食纤维会抑制胆酸的回收，从而在一定程度上降低血液中胆固醇的含量，起到保护心血管的作用。

第三奇招，就是促进肠胃蠕动，说简单点就是催人跑厕所。听起来似乎有些不雅，但这项工作非常重要，因为这关系到正常的排便。如果积存的时间太久，难免像久不清理的垃圾站一样发酸发臭，而且这个过程是发生在人体之内，想想都觉得不舒服。

这样看来，芹菜还是有诸多的用处，但是话说回来，食物毕竟是食物，这些作用很多是在纯膳食纤维的实验中取得的，所以，对症下药才是真正解决病痛的根本，食疗只能作为辅助手段而已。听医生的，积极治疗才是解决病痛的正道。

至于芹菜，如果你喜欢那个味道，多吃一点也无妨，不要当灵丹仙草就好。

芹菜的亲戚们

在地球村化的大背景下，市场上的芹菜亲戚也多了起来，除了传统的旱芹，以及后来居上的西芹之外，香芹、水芹也一股脑地冲上来。像我这种特别喜欢挑战新口味的吃客，怎么能放弃呢。

说到西芹，正如前文所说，这是欧洲培育的品种，特点就是叶柄肥厚，纤维比旱芹来得少，并且是实心的，每棵重量可高达 1 公斤。西芹脆嫩多汁，不管是生拌还是清炒都是好菜一道。不过，西芹的生长期比较长，所以身价也比 2 个月就采收的旱芹要来得高。所以，在餐馆里我们经常会碰到假冒西芹的李鬼，凡西芹百合、白果西芹中唱主角的通常都是旱芹了。

除了西芹和旱芹，在北方菜市场上，偶尔能碰到叶柄纤细洁白的芹菜，老板会热心地介绍，这就是香芹了。不过,真的香芹应该是欧芹属的香芹,它们的秆也是绿色的，长得像是一棵棵大号版的芫荽，我们经常在西餐食谱中看到的欧芹就是它们了。至于那些白色秆的"香芹"实际上是旱芹或者西芹中的变种，因为叶柄中的叶绿素退化，于是长成了一副雪白的模样。在四川省 34 个芹菜品种中，有 20 个都是白秆品种。在成都的苍蝇馆子里要一份芹菜牛肉，那里面的芹菜多半是白色的，但一样有芹菜特有的辛香。牛肉的嫩、芹菜的脆在这一刻交融，谁还管它是不是香芹。

如果说上面的芹菜还算常见，那么水芹定然算芹菜中的贵族。这种芹菜与旱芹、西芹并非同属，而是水芹属的成员。第一次到西双版纳实习的时候，我就迷上这种植物特有的香味和脆感，有点结合了芹菜的味儿和蒿子秆的脆嫩，完全没有芹菜中恼人的"筋"来塞牙缝，可以大口大口地吃得酣畅淋漓。于是，这些匍匐在水边生长的水芹，很快被吃成了国家二级保护植物。虽然它的生活区域遍布中国、印度、马来西亚，但是始终敌不过老饕们的筷子。还好，最近水芹的栽培技术已经成熟，我们已经可以在市场上买到大把大把的水芹了，不用担心一个物种灭绝在我们的口舌之间了。

芹菜就是这样，简单朴实的菜肴，简单朴实的功用，正如家常的琐事一样家常，平平淡淡的滋味却衬着温暖的生活热情。冬日，不用担心什么杀精谣言，不必期望什么保健神话，就着杏仁芹菜，轻轻地喝一碗老婆煮好的小米粥，家就是这样暖。

*春天味儿里的小插曲

什么菜最能承载春天的味道？有人说是荠菜，有人说是春韭，有人说是春笋，还有人说是马兰头，根本就没有一个统一的答案。也对，春回大地，憋屈了一个冬天的舌头终于有了释放的机会。或清苦，或鲜甜，或脆爽，让人把一个冬天的萝卜土豆大白菜抛到脑后。在这场春日盛宴中，恨不得多长几根舌头，也许大家根本就来不及对比这些春日的味道，一切会和着春天暖暖的阳光吞下肚了。春天味儿究竟是什么菜？在我这里答案就是香椿摊鸡蛋。

外婆家院子外有两棵香椿树，几场春雨过后，嫩红的椿芽就冒出了头。每到这时，外公会把铁丝弯成的小钩子绑在竹竿的一端，钩住香椿芽一转，一丛嫩红饱满、如孔雀尾巴模样的椿芽就从树上落了下来。不多时，香椿就变成了光杆。不用担心，很快就有更多的椿芽冒出来。我们一帮小朋友在树下捡得不亦乐乎，紧紧地攥在手里，生怕飞掉。没办法，头茬香椿实在太稀罕了。带回厨房，外婆会轻轻地洗涮掉椿芽上的灰土，细细切碎，倒入已经调匀的蛋液中，稍稍加点盐搅拌均匀，哧溜一声倒入热好油的锅中，然后小火慢煎。整个小院都弥漫着香椿的特殊香气，煎蛋略韧的外皮、柔嫩的蛋心加上充满汁水的脆嫩香椿粒，一下子就把舌头带到味觉的巅峰。把煎蛋夹在刚出锅的大馒头里面，更是打嘴巴也不会丢掉的美食。

如今，外公已经故去，香椿树也被新房占去，但是吃香椿仍旧是我们家餐桌上的一个仪式，不吃香椿就感觉还没到春天。可是有一天，老妈忧心地说，香椿里面有亚硝酸盐，能致癌，咱还是不要吃了吧。这香椿真的不能吃了吗？

此椿非彼椿

香椿是不折不扣的本土植物，据说对香椿的文字记载可以追溯到夏商时期，当时香椿还不叫香椿，在《夏书》里面它叫杶；在《左传》之中，它叫櫄；在《山海经》有了个新名字櫄。如此多样化的名字，足见香椿深入人们的生活已经很久了。并且，香椿的天然分布区很广，从华北、华南到西南各地的山地都能找到野生香椿的身影。更有人把香椿树种在庭院周围，就为品尝那种特殊的春天的味道。

不过，这种楝科香椿属的植物一直都徘徊在餐桌的边缘，充其量是种山茅野菜。直到明代农学家徐光启撰写《农政全书》的时候，还是把香椿列在救荒食物之中，终究不是大规模生产的蔬菜。想来，原因大概有三，一是香椿芽是种时令性很强的蔬菜，一旦春日落幕，绿叶茁壮生长

* 香椿（ *Toona sinensis* ），楝科，香椿属。
带花香的羽毛状叶片。

的时候，香椿的香气就会淡去；二是香椿芽特殊的风味必须要有大量的油脂来搭配，如果只是水焯凉拌，就不是赏味儿而是刮肠了。如果说前两点是香椿的缺憾，这第三点就是人为原因了，原因很简单——吃错了。

香椿虽然没有长一张大众脸，但是像羽毛一样的叶片不是它们独有的。这不，在一旁生长的臭椿树，完全就是一个高仿版的香椿树。一样挺直的树干，一样的羽状复叶，乍一看还真难分清楚。但如果是吃了臭椿的树芽，我相信就不会有人再碰这样的树芽了，那可是一种混合了臭虫味儿和青草味儿的奇异味道。据说有些地方，人们确实把氽烫后的臭椿当蔬菜来吃，如果有机会也可以试试。

一旦开花结果，臭椿就完全暴露了，作为苦木科臭椿属的成员，它们的果子是有翅膀的，这些翅果会随风飘荡到城市的每个角落。所以，不要奇怪，为什么没人种过臭椿树，它们却能在城市的不同地方茁壮成长。相对来说，香椿的果子就要弱多了，5瓣开裂的果子会散出细小的种子，但是能长成树的真是寥寥无几。不过这并不妨碍香椿的传播，因为有人喜欢它们的味道。

迷人的香椿味儿

香椿的特殊味道来自其中特殊的挥发物，包括了萜类、倍半萜类等物质，所以是混合了石竹烯、大牻牛儿苗烯、金合欢烯、丁香烯、樟脑等气味儿成分的杂烩。特别是其中的石竹烯拥有一种柑橘、樟脑和丁香的混合香气。看来，在香椿的身上吃出花朵的感觉也不是奇怪的事情。

除了特殊的香味儿，香椿还有种特殊的鲜味，不用加味精就已经是极鲜的存在了，那是因为香椿中含有不少谷氨酸呢。谷氨酸可以占到香椿干物质的2.6%，再搭配上鸡蛋中的核苷酸，两者混合产生的味觉增益效应，就让我们感受到那种难以言表的春天味道了。

有一天，老妈神秘兮兮地说，你尝尝今天的香椿煎蛋有什么不同。吃了一口就发现其中的古怪，香椿软塌塌的，没有鲜味，更要命的是根本就没有香椿的香味儿。老妈说，这可是遵循某电视节目的建议，把香椿芽先过热水，然后冷水浸泡，然后再切碎炒，这样就能大大降低其中的硝酸盐含量，更有益健康。我机械性地把特制煎蛋放进嘴里咀嚼，心中却在想："这硝酸盐真的这么凶猛？"

硝酸盐阴影

最初碰到硝酸盐还是在姑姑家，春耕时节，大袋大袋的硝酸铵被搬到了地里，我们一帮小朋友就在肥料旁边玩，那时还没有硝酸盐中毒这件事儿。不知从什么时候开始，硝酸盐成了人类的死敌，先是镇江肴肉中的硝酸盐会危害人身体，后是加工食品中的硝酸盐屡屡超标，再到后来，连菜叶子中的硝酸盐都成了超标的危险物。硝酸盐含量超高的香椿芽自然不能免俗，于是，有了水余浸泡处理这个特殊方法。

要说清有毒没毒，我们得先理清楚硝酸、亚硝酸、铵这含氮化合物一家子的关系。硝酸盐和铵类盐本身一点毒性都没有，所以很少有人因为接触硝酸盐中毒的。至于硝酸盐的小兄弟——亚硝酸盐倒不是善茬，它们会霸占人体中的血红蛋白，让人缺氧而死。更让人担心的是，它们会跟胺类物质结合生成亚硝胺，这可是能致癌的危险物品。

问题是，硝酸盐会在人体内变成亚硝酸盐。一般来说，被人吃下的硝酸盐会通过消化道进入血液，这些硝酸盐会被送到唾液腺中。随着唾液分泌，硝酸盐又进入了口腔，在这里有众多的细菌把硝酸盐还原成了亚硝酸盐，麻烦原来是人体自找的！大多数硝酸盐进入消化道又开始新一轮循环，还有一部分被排出了体外。这个时候，不安分的亚硝酸盐就琢磨着捣乱了，如果胃部的酸性出了问题，它们就很容易与胺类物质结合，最终变身成为强力致癌物质。这才是硝酸盐和亚硝酸盐最可怕最危险的地方。

话说回来，微量的亚硝酸盐存在对于维持口腔的微生物环境是必需的条件，正是由于亚硝酸盐的存在，那些有害的厌氧菌才不会兴风作浪。与此同时，很多亚硝酸盐会被进一步还原为一氧化氮，这种物质对于维持人体正常的血压具有重要作用。这么看来，硝酸盐家族就像拥有天使和恶魔面孔的双子座守护神。

香椿能不能吃

在明白了亚硝酸盐的危险之后，我们再把目光投向香椿。对植物来说，硝酸盐和亚硝酸盐都是营养物质，不过它们的最终归宿都是合成氨基酸和蛋白质的铵。可是，土壤里的氮元素几乎都是以硝酸盐的形式存在的，所以香椿必须大量地吸收硝酸盐，然后再进行还原利用，亚硝酸盐只是还原过程中的中间阶段而已，对植物并没什么伤害。在生长旺盛的部位通常会积累大量的硝酸盐，保证植物的营养供给。

好了，问题出现了，我们吃了这些"营养"丰富的蔬菜，就会碰到硝酸盐和亚硝酸盐超标的问题。不过，脱离了剂量谈安全都是耍流氓。所以我们来看看香椿里面究竟有多少危险物。2006 年南京林业大学调查了江苏、四川、湖南、湖北、河南和陕西 6 个地方的香椿芽中硝酸盐和亚硝酸盐含量，结果发现，6 份样品中的亚硝酸盐都没有超过国家限定的 4 毫克 / 千克，这在很大程度上与亚硝酸盐很快被还原利用有关，毕竟亚硝酸盐在植物体内也是个过客而已。实际上，按照世界卫生组织和联合国粮农组织制定的最高摄入量，一个 60 千克的成年人可以最多摄入 7.8 毫克的亚硝酸盐，那相当于吃下 2 千克左右的香椿了。这可以算一件奢侈的中毒事件吧，毕竟香椿的售价通常高达每千克 100 元呢！

相对来说，香椿芽中的硝酸盐才是值得关注的东西，在南京林业大学的同一个研究中发现，香椿芽中的硝酸盐含量从 50 毫克 /100 克到 300 毫克 /100 克不等，所以吃下 100 克的香椿芽，就有可能达到可摄入硝酸盐的上限（216 毫克，体重按 60 千克计）。不过也不用担心，我们买来二两（100 克）香椿已经足够煎一大盘鸡蛋了，若非吃独食，要想过量也不是那么容易的事情。

种树不只为吃芽儿

香椿树的树龄很长，所以有椿龄一说，形容人长寿。可是，古老的香椿树却不多见，这大概是因为成材之后就作他用了。因为树干笔直、木质坚硬，香椿是很好的用材树种，可以用来制作家具，还可以用作桨橹等船舶用品。于是香椿木有"中国桃花心木"的美誉，甚至有奸商用这种木头来冒充红木，并且屡试不爽。

另外，有研究表明香椿树皮中含有抑菌成分，可以有效治疗细菌性痢疾。不过，这香椿提取物毕竟是药物，并且痢疾也是急症，还是听医生的比较靠谱。不要迷信于香椿皮熬水，以免错过了吃香椿的大好时节。

在我的详细论证得到老妈的认可之后，我们家的香椿煎鸡蛋又走上了正轨。蛋依然嫩，香椿依然脆，屋里依然飘荡着春天的香味儿。

∞ 美食锦囊

油浸香椿

每年香椿的供应时间有限，要想多吃段时间，就该用到油浸香椿这个大招了。把新鲜香椿洗干净，晾干水分后再细细切碎。锅中热油，放入香椿，中火慢炒，喜欢辣味的可以放些细辣椒面。炒好的香椿在锅中放凉后，放入玻璃瓶密封，一直可以吃到夏末。

烂香椿不要吃

要特别注意，如果香椿出现了腐烂变质的情况，就得尽快丢弃了，因为细菌会将其中的硝酸盐转化为亚硝酸盐。这样吃下去就有可能引起中毒。所以，还是不要心疼那点儿香椿芽了。∞

蕨 菜

* 我们在吃恐龙的剩菜吗？

盛夏，跟朋友们一起去京郊爬山，中午到一个农家院蹭饭。当看到菜单上"凉拌山野菜"字样的时候，朋友们都按捺不住了。我告诉大家，这一路走过来根本没有看到什么能吃的小草树芽，可是大家丝毫不理睬我的疑惑，老板在一旁信誓旦旦地保证，这东西是他从山上采来的。于是，我们的菜单上多了这道经典的农家乐菜。菜上来了，果然不出所料，那不过是拌上了一点大蒜末的罐装蕨菜芽。大家吃得不亦乐乎，交口称赞："这野菜真不错！这可是恐龙吃过的野菜啊！"我刚想解释，但看看老婆的眼神，于是生生地把话咽回了肚子里。埋头吃饭。

不知道从什么时候开始，蕨菜成为野菜的代名词，不得不承认，那一根根有点像"痒痒挠"的小叶子寄托了很多对自然生活的向往。再加上"与恐龙一样古老""绿色天然"之类的宣传语，把蕨菜装扮得神乎其神。可是很少有人想过，北京的山上哪里有这么多蕨菜呢？恐龙真的嚼过这些叶子吗？

我们吃的是什么蕨

不得不承认，蕨类植物是一个大家族，目前现存的就有 12000 多种，京城周边的山上还真的有大量的蕨类植物分布，比如像落在地上的柏树叶片一样的卷柏，经常被我们当作盆景的铁线蕨，以及小孩子特别喜欢揪成一段一段的木贼。算起来，竟有 33 种之多，这对于喜欢潮湿环境的蕨类植物已经相当不易了。

虽然蕨类植物家族兴旺，但是能够被我们吃的种类并不多。像卷柏、铁线蕨之类的植物都太粗太硬了。实际上，中国的可食用蕨类植物满打满算也只有 70 种。其中，经常吃的只有蕨菜，如朝鲜蛾眉蕨、东北角蕨、荚果蕨、问荆、水蕨等寥寥数种。而这些蕨类植物在北方的分布寥寥，于是，我才想阻止大家点这种经过长途运输的"本地野菜"。

食用蕨菜的历史可以追溯到春秋时期的《诗经》之中，但是我并不觉得这种菜有什么特别之处，有些滑，有些黏，加上一分脆嫩，在蔬菜极大丰富的今天，这种野菜为何还能吸引国人？这大概是因为，中国人对于山野总有割舍不断的情怀。于是，吃野菜就变成了一种仪式多过实在的行为，而蕨菜又是跟日常蔬菜差异最大的植物，在它们身上体验野游之趣再合适不过了。于是，人成了这些植物的天敌。

实际上，在野外，我们很少看到蕨类植物被昆虫或者其他食草动物啃食。这不仅仅是因为它们的干硬，更重要的是绝大多数蕨类植物都准备了化学武器——氰化物。除此之外，蕨类植物还给昆虫准备了特别的

* 蕨菜（*Pteridium aquilinum*），蕨科，蕨属。
像"痒痒挠"的小叶子。

毒药——蜕皮激素。我们知道，在昆虫的生长过程中，会不断蜕皮以适应长大的身体，而蜕皮激素是让它们在还没有充分发育的时候就开始蜕皮，如此反复，昆虫就离开了这个世界。虽然蜕皮激素不会影响人类，但是想想也能感觉到蕨类植物的凶狠。

那么恐龙就会对这些危险熟视无睹，或者说它们的口味都如此特别吗？

蕨菜能当恐龙正餐吗？

实际上，蕨类植物的黄金时期是在距今 3.5 亿 ~2.25 亿年的石炭纪和二叠纪。那个时候，最早的恐龙才刚刚破壳而出，也许它们还能拿蕨类植物做正餐。而恐龙大家族真正大发展的时期是在侏罗纪和白垩纪，由于地壳运动，很多地方逐渐变得干冷起来，喜欢湿热的蕨类植物的地盘就被裸子植物抢占了，这时的恐龙要想用蕨类植物填饱肚子，可是真要费点功夫了。所以，在绝大多数恐龙的食谱里，像南洋杉、扁柏之类的裸子植物才是正餐，而蕨类植物大概只能算得上是餐后甜点吧。

那为什么蕨类植物会被当成"恐龙食品"呢？利用网络搜索以后，会发现所有的说法都指向一个出处——桫椤（现存极少的有高大枝干的蕨类植物），曾经是恐龙的食物。这样理解起来就容易多了：一来桫椤确实古老——用采集的化石标本和活体对比发现，这种蕨类植物从恐龙时代到现在，基本没有变化——恐龙要吃草，恐怕也会吃到桫椤头上；二来身材高大的桫椤（在现生蕨类植物中，桫椤绝对算得上是巨无霸）与恐龙的个头倒也相称。所以桫椤就这么被定性为恐龙的美餐了，再后来，这个概念扩大化，成了"所有蕨菜（蕨类植物）都是恐龙的食物"了。

虽然我们无法考证恐龙是不是啃过桫椤，不过有一点可以肯定，2亿年前的地球上一度生长着蕨类植物组成的热带雨林。要知道，那可是地球上第一次出现森林，而在此之前除了苔藓植物做了一次不太成功的登陆之外，所有的植物都还只能生活在水里呢。

那么蕨类植物究竟有哪些秘密武器，可以帮助它们在陆地上开疆拓土呢？

初具规模的"运输管道"

我们每天都要喝水，植物更是如此，因为离开水，它们就无法进行光合作用。如果是泡在水环境中，水分自然是手到擒来，像海带、紫菜之类的藻类从来不会担心缺水，并且它们全身都可以跟水亲密接触，也不需要水分运输系统。不过，在陆地上，水分都藏在土壤里，并且植物身体的很大一部分都会暴露在"干燥"的空气中，植物首先要解决的问题就是"如何汲取水分并将水分运输到身体的各个部位"。

实际上，在蕨类植物出现之前，苔藓植物就已经登上了陆地。不过，它们似乎忘了开发供水系统，由单层细胞包裹而成的"假根"只有固定植株的作用，而不会吸水，茎和叶之中也没有"水管"，最终，苔藓们只能蜷缩在潮湿的环境中。而在体内铺设好"供水系统"的蕨类植物成为第一种能够在陆地上广泛分布的植物。

更有意思的是，蕨类植物的"供水管道"还有各自的分工，枝干中心木质部"管道"负责向叶片运输水分和矿物营养，而树皮中韧皮部"管道"则负责从叶片向根运输养料，它们共同组成了蕨类植物维管束系统。这样专业的运输队伍，使运输效率成倍提高，也使得蕨类植物的个头可以比苔藓植物大得多。虽说叫"管道"，蕨类植物的维管束并不是一根根长长的管子，而是一系列首尾相连的细胞，木质部里相邻的管胞之间，以及韧皮部相邻的筛胞之间存在着细胞壁隔断，这难免会影响运输速度。

在更为进化的被子植物中（比如杨树、梧桐），这些隔断被打通，管胞组成了导管，筛胞组成了筛管，畅通无阻的"管道"效率自然更高了。

好的维管束系统如同城市中良好的基础道路，如果没有好的工厂提供动力，这个城市也运转不起来，道路也会荒废，而叶片就是提供动力的工厂。

真正的叶片

植物在水中生活时，气体和养分都可以在水和细胞之间直接交换得到，并且毫无缺水之忧。而一旦走上陆地，情况就大不相同了——陆地上缺乏水分，并且二氧化碳和氧气的浓度要比水中的高得多。所以，叶片"工厂"要解决的问题就是减少不必要的水分丧失，同时让二氧化碳和氧气排好队进出"工厂"。

首先，出现防止叶片中水分快速丧失的叶表皮结构。这层透明的组织在允许阳光透过的同时，将水分锁在了叶片内部的叶肉细胞中。然而，仅有坚实的表皮还远远不够，因为光合作用还需要进行气体交换。如果表皮仅仅是一层严实的外壳，那二氧化碳也进不去，氧气也出不来，整个反应也就无法进行了。因此植物在表皮上还留下了许多可以开合的进出关口——气孔。有了这些气孔，植物就可以在适当的时候引入二氧化碳放出氧气，并且可以在水分过多时，适当排出水分。这样一来，表皮内部的叶肉细胞就可以安心地进行光合作用了。

今天植物的叶片可谓千姿百态——猪笼草的叶片可以"吃"小虫，荨麻的叶子有毒针，不过，它们的设计模版都是蕨类植物最初的那片叶子。

蕨类植物叶片萌发时就像是一个个攥得紧紧的小拳头，这种现象叫作"幼叶拳卷"。随着叶片伸长，这些小拳头会慢慢展开。这也是蕨类植物的一大识别特征。

叶片上的"下一代"

解决了水分和能量供给问题，吃饱喝足的蕨类植物自然要考虑下一代了。可是我们从来没见过它们开花结果，那它们是如何长满山坡的呢？

在合适的时间、合适的地点，翻看一片蕨类植物的叶片，会发现上面一片片或疏或密、像虫卵模样的东西。先别紧张，长出这些"虫卵"，正是蕨类植物在"开花结果"。

这些形状各异的"虫卵"叫作孢子囊群，是由许许多多盛满了孢子的孢子囊组成的。这些"孢子"的作用，大致就相当于松柏杨柳的种子。当孢子成熟后，孢子囊开裂，孢子随着雨水或者风传播，当遇到适宜的环境时，孢子便开始萌发。不过，蕨类植物的孢子不会直接长成蕨类植物的幼苗，而是长成一个小叶片模样的原叶体。当原叶体发育成熟后，它们腹面会产生精子器和颈卵器，这是蕨类植物的有性生殖器官，精子器中的精子须借助水的帮助游到颈卵器中，与卵细胞结合。受精后的卵细胞会发育成胚，最终长成我们见到的蕨类植物植株。

昔日美餐今何在？

正因为精子需要在有水的环境下才能去跟卵子"约会"，所以蕨类植物还是无法完全摆脱水环境的限制。到了古生代末期，由于地壳运动引起的全球气候变化，性喜湿热的蕨类植物走向了衰退，许多高大的乔木完全灭绝了。地球历史上的"蕨类植物时代"也随之结束。从石炭纪到二叠纪，这些蕨类植物的遗体大量堆积，然后又被掩埋在湖泊沼泽之中，经过变质而炭化，久而久之，形成了大范围的厚厚的煤层，石炭纪也因而得名。

更多的蕨类植物，放弃了高大挺拔的身姿，当起了默默无闻的小草。虽然无法确定它们在恐龙食谱上的位置，但是，很多蕨类植物（凤尾蕨、水蕨等）的嫩叶无疑已经成为人类餐桌上的佳肴。

附带说一下，近来流行的蕨根粉确实是用蕨类植物（金毛狗、观音坐莲等）的根制成的，不过可不是用这些植物的根简单切丝制成的。我们要用的是这些植物的根中储藏的那些淀粉。通过粉碎、过滤、纯化等步骤，从中得到纯净的淀粉，这些淀粉可以直接加工成糕点，也可以像绿豆淀粉那样被制成嚼劲十足的粉丝。

最近，科学家又发现，很多蕨类植物（如凤尾蕨）喜欢"收集"土壤中的重金属等污染物，看来，不甘寂寞的蕨类植物还能转行去当环境清洁工了。

∞ 特别提示

吃新鲜的蕨菜要小心

如果有机会亲自上山采一把蕨菜，那自然是乐事一件。不过，一定要小心，因为蕨菜的嫩叶中含有大量的氰化物，如果不处理干净，轻则弄得舌头麻木，重则有性命之忧。

一般来说，要用淘米水浸泡 24 个小时以上。之后用沸水汆烫，再放入冷水浸泡至少 24 个小时，直到蕨菜中没有特别的麻味和苦味。这样处理过后的蕨菜才够安全。∞

菠菜

每种蔬菜都有自己的个性和身份，比如芦笋就适合摆在西餐厅洁白的大磁盘里，与"鹅肝、和牛"相伴，为烛光晚餐烘托气氛；而蕨菜更适合出现在农家乐的木桌之上，与铁锅柴鸡共同上场，为午饭增添几分野趣；至于菠菜，则更多地出现在祖母和母亲掌控的炒锅之中，同豆腐肉末一起下锅，浓浓的乡土味道油然而生。

不管怎么说，菠菜是个喜欢热闹的菜。它很少单独出现在菜盘之中，即便是凉拌菠菜也总是与花生仁和核桃仁相伴，菠菜蛋花汤里也有鸡蛋相拥。纯纯的凉拌菠菜，大概只出现在我们自家的餐盘之中了。当然菠菜更多的出镜机会，就是母亲在下面条的时候，顺手撒上一把菠菜，让面条也浸染一些翠绿的色彩，关键是让我们吃下更多的蔬菜。

当然，菠菜也有一步登天的时候，会出现在御膳的台面之上。有个传说是，乾隆皇帝下江南的时候，有一次饥渴难耐，闯到一农家找饭吃。农家没有什么稀罕东西，就搞了一盘菠菜炖豆腐。豆油略煎的豆腐与菠菜简直是绝配，乾隆皇帝吃得龙颜大悦，于是问随从这是什么菜（在皇宫里估计很难吃到），随从们故意卖弄了一下说是，"金镶白玉板，红嘴绿鹦哥"。就这个卖弄可是坑苦了御厨，因为乾隆回宫后要吃这个菜的时候，大家真的挠头了半天，怎么才能把玉石和鸟混搭做成菜。

这个传说的真实性我们姑且不谈，但故事却可以从侧面表明，菠菜炖豆腐这道菜早已深入人心了。现在有说法是，菠菜炖豆腐不能吃了，因为会诱发肾结石，甚至比单独吃菠菜还凶险。其中究竟有没有道理，我们还能不能愉快地享受这种乡土菜呢？

远道而来的波斯菜

虽说菠菜有种浓浓的乡土味道，但是它们真不是原产中土之物。我们国家在唐朝之前都没有关于菠菜的记载。菠菜的老家在波斯，也就是今天的伊朗和周边区域。至于菠菜的名字，有个说法就是来源于"波斯菜"，就跟它的来源有关系。

曾经有学者认为菠菜是在张骞出使西域的时候就带回中国的，却没有实际的证据来支持这种说法。如今学界比较公认的传播路径是，菠菜先由波斯传入印度，之后，大约在公元 647 年的时候，才经尼泊尔传入中国。最开始来到中国的时候，菠菜的名字还是菠薐菜，这大概是跟印度对菠菜的叫法有关系。至于菠菜这个名称，到明朝才出现，李时珍最早在《本草纲目·菜部》记载道："菠菜、波斯草、赤根菜。冷、滑、无毒。"这是我国关于菠菜名字最早的正式记录。

* 菠菜（*Spinacia oleracea*），苋科，菠菜属。有肥厚翠绿的叶片。

不管怎么说，菠菜都是对中土蔬菜的一个重要补充。这种苋科植物生性耐寒，每到深秋时节，众多草木已经枯黄，菠菜仍旧能为我们的餐桌提供肥厚翠绿的叶片。菠菜也是初冬时节最常见的一种蔬菜了，每每这个季节总能看到菜摊上堆满了大捆的菠菜，这对不喜欢吃菠菜的人简直就是灾难。

今天，世界上绝大多数菠菜都是中国种出来的。2011 年的时候，中国的菠菜总产量就达到了 18,782,961 吨，甚至是排名 2 ～ 10 位的美国、日本、土耳其等国的总产量的 9 倍左右。于是让大家认为菠菜是中国土生土长的蔬菜也就不奇怪了。

维生素和矿物质的储备库

说实话，对孩子而言，菠菜并不是一个受欢迎的蔬菜，不仅仅因为它们的青草味儿，还有那种时常会出现的土腥味儿。不过，有一部动画片，改变了很多 80 后朋友对菠菜的看法，那就是《大力水手》。在这部动画片里，主角大力水手每每遇到危机的时候，总会打开一盒菠菜罐头，一吸而尽（真的是吸的！），然后就变身超级战士，战胜邪恶力量。于是，菠菜的神秘力量一直是我们这代人珍藏的记忆。于是吞菠菜的事情时有发生，只是没人能变身成为大力水手。

虽然菠菜不是超人药丸，但是它们的营养的确扎实。

同很多绿叶蔬菜一样，菠菜中含有大量的铁元素和胡萝卜素。每 100 克菠菜的铁元素的含量可以达到 2.71 毫克（大白菜的铁含量是 0.5 毫克 /100 克），β－胡萝卜素可以达到 5626 微克。这也不奇怪，因为铁元素和 β－胡萝卜素都是光合作用中重要的化学物质。胡萝卜素一方面承担着吸收光能的任务，也担负着遮蔽过多高能光线保护叶绿体的使命；而铁离子则在光能转化为化学能的能量传递过程中发挥着重要作用。这就不难理解，为什么菠菜中的铁和胡萝卜素的含量高了。

与此同时，菠菜中还含有丰富的维生素 C 和维生素 E，以及大量的膳食纤维，并且菠菜的热量很低，每 100 克菠菜只有 23 卡的热量。所以菠菜活跃在各类减肥食谱上，也就是顺理成章的事情了。

值得注意是，菠菜中还含有大量的钙（99 毫克 /100 克），但是，这些钙很难被我们人体摄取。西蓝花中钙含量虽然不高（47 毫克 /100 克），我们却吸收了其中一半，但吃下菠菜，我们就只能吸收其中 5% 的钙质了。道理很简单，因为菠菜含有大量的草酸，影响钙的吸收。这也是目前菠菜被诟病的主要原因。吃菠菜不仅不能补钙，还有可能引起钙质的流失。

草酸钙迷局

草酸是植物自身合成的一种有机酸，也被称为乙二酸，酸性虽然比硫酸和盐酸要弱一些，但是在有机酸里面却是数一数二的"强酸"了，它们的酸度可以达到醋酸的 10000 倍。正是因为强大的酸性，草酸也就被用来去除不锈钢上的锈迹。不过，草酸对人类的危险之处不在于它们的酸性，而在于它们结合钙元素的能力。

草酸是可以溶解在我们的消化液和血液之中的，如果与钙离子结合就会变成难溶于水的草酸钙。所以，如果我们吃下大量草酸的时候，这些草酸就会结合食物中的钙离子，形成沉淀，也就影响了我们对钙元素的吸收，引发慢性缺钙。

进入血液的草酸甚至会结合血液中的钙离子，这不仅影响到人体对钙的利用，严重时会引起功能性低血钙痉挛，甚至引起草酸急性中毒。更麻烦的是，这些形成的草酸钙沉淀会慢慢地聚集到肾脏和膀胱里面，产生让人挠头的肾结石和膀胱结石。这些结石会堵塞肾小管，甚至引起血管破裂，导致无尿症甚至尿毒症。

正是这些特性，让菠菜变成了一种"危险"的蔬菜。吃了上千年的蔬菜，一时间变成了我们的敌人。还有人声称："菠菜和豆腐同吃，更是毒性翻倍。因为豆腐里面含有丰富的钙元素，它们可以与菠菜中的草酸结合，产生草酸钙，继而引发结石。"这样看来，乾隆皇帝吃的美味菜倒成了健康杀手。其实，这种说法并不科学。就像上面说的，结石的主要原因是由血液中所含的草酸引发的，如果草酸能跟豆腐中的钙结合，就会以沉淀的形式顺利排出体外，几乎不可能进入血液，又怎么会引发结石呢？

当然了，我们减少一些草酸摄入量对健康还是有好处的。因为草酸易溶于水，所以用水焯的菠菜就会安全许多。还有一点需要注意，再好的食物都有适宜的摄入量，提高食物的多样性，才是保障健康的黄金原则。

其实草酸并不是菠菜的专利，在很多植物中都有大量草酸存在，那么植物为什么会积累草酸呢？

植物中的草酸

虽然我们对草酸恨之入骨，但是对植物来说，这种物质却是非常重要的。它的存在对于植物的正常生理活动和防御系统都有重要作用。

首先，草酸可以与苹果酸等有机酸一起，将植物体内的 pH 维持在相对稳定的范围内。作为一种有机酸，草酸在 H^+ 浓度高的时候，草酸的酸根可以结合多出来的 H^+；而当 H^+ 浓度降低的时候，草酸又可以释放出一些 H^+，这样一来，植物体内的 pH 就稳定下来了，这对于植物正常的生理活动是非常必要的。

在植物体内，草酸和钙是一对好搭档。在研究中发现，大豆叶片中的钙浓度升高时，可观察到叶脉中开始积累大量的草酸钙，这可能是为了防止大量的钙进入绿色细胞，影响正常的光合作用。另外，在植物缺钙的情况下，草酸钙还会分解释放出钙离子，满足植物生长所需。另外，草酸钙针晶本身就是植物保护自己的武器，误食了海芋引发消化道水肿，就是因为其中含有大量的草酸钙针晶。

草酸的功能还不止于此，它们还能帮助植物免受有毒离子的侵害。比如，当荞麦的根系受到铝离子伤害的时候，就会释放出大量的草酸。这些草酸会把铝离子"捆绑"（螯合）起来，以减轻对植物的伤害。烟草甚至还能够利用草酸排除体内的镉离子，草酸与镉和钙形成的晶体会进入叶片上毛状体的顶端细胞，并随之脱落，烟草也就因此解了毒。

如此说来，草酸倒更像是植物的守护神。而我们人类对草酸和菠菜的诟病，不过是自己一厢情愿的势利眼在作怪。世界上的物种本来就不是为人类而生的，如何与它们和平相处，物尽其用才是我们应该真正思索的问题。

∞ 美食锦囊

还有哪些蔬菜草酸含量高？

除了菠菜，还有很多蔬果是高草酸种类。我们常见的芋头、番杏、甜菜都是高草酸植物，芫荽的草酸含量更是高达 1268 毫克 /100 克。

另外，影响钙吸收的因素不仅在于草酸含量，还要看食物中草酸和钙的比值。菠菜和甜菜中，这个比值大于 2，所以会影响钙的吸收；而莴苣、花菜、甘蓝和豌豆中，这个比值小于 1，实际上是可以补充钙质的。∞

芦 笋

* 高档蔬菜的隐藏面

美食讲究搭配，而食材有时候也要讲门当户对，如果非要用大白菜来配鲍鱼，油麦菜配鹅肝倒是也无不可，至少从营养搭配上也是可取的。但是如此搭配，无异于拉低了鲍鱼、鹅肝这些珍馐的身价。在蔬菜中能与这些食材平起平坐而又不失身份的，大概只有竹笋和芦笋了。

竹笋自不用说，鲜甜适口，甘美多汁，一直是国人餐桌上的珍馐。再加上文人附加的"宁可食无肉，不可居无竹"的光环，竹笋一直都是中餐中的高档蔬菜，这点也是西方人无法理解的，中国人竟然喜欢吃竹子。与之相对的就是西餐中的芦笋了，这些细瘦包裹着鳞片的绿色嫩茎，在西方美食中，是鹅肝、龙虾、深海鳕鱼的鼎力支持者。即便是与培根搭档，也是被小心地卷在培根之中，充当重头的"甜美之心"。

*芦笋（*Asparagus officinalis*），天门冬科，天门冬属。
细瘦包裹着鳞片的绿色嫩茎。

物以稀为贵在芦笋身上表现得淋漓尽致，当它们大量出现的时候也会身价暴跌。2008 年春天，我回到山西老家，市场上的芦笋不是论斤卖了，而是论堆卖，身价都不及旁边的黄瓜。家庭主妇们开始发挥自己的聪明才智来处理这些蔬菜，炒着吃，煮着吃，凉拌吃，芦笋甚至出现在了乱炖之中。如果被西方大厨见到，肯定会被斥为暴殄天物。

芦笋为何如此受西方朋友喜爱，它们的美味又因何而生？芦笋对我们的健康又有什么影响呢？

西方的珍馐东方的草

芦笋的原产地在地中海东岸以及小亚细亚地区，这种百合科天门冬属百合科植物的嫩芽很早就引起了人类的注意。就像中国人很早就开始吃竹笋一样，西方人在很久之前就开始吃芦笋了。在公元前 3000 年，埃及人就已经有吃芦笋的习惯了，并且把芦笋的形象都留在了门楣之上。在公元 2 世纪，古罗马医师盖伦认为芦笋是一种非常有益身体的蔬菜和药草。古罗马人和希腊人都是芦笋爱好者，他们不仅会趁新鲜食用，还会把芦笋做成菜干，以备冬日之需。为了享用美味，罗马人甚至会把芦笋送往阿尔卑斯山的高峰之上冰冻保鲜，对美食的执着可见一斑。

相较于罗马人和希腊人的狂热，欧洲其他地区栽种芦笋的日子就要晚得多了。到 1469 年的时候，法国才开始栽种芦笋；英格兰最早的关于芦笋的记述出现在 1538 年；至于德国人开始吃芦笋要到 1542 年之后。不管怎样，芦笋还是成功地俘获了欧洲老饕们的心，并且于 1620 年随着欧洲殖民者成功登陆美洲，开始了它们的新世界之旅。

有些观点认为，中国人吃芦笋的历史长达 2000 多年。有人认为徐光启在《农政全书》中所记载的"芦笋考"就是针对芦笋的论述，其实，那不过是芦苇的嫩芽。国人真正接触芦笋的时间大概是在清朝末年，而真正开始栽培这个特别的蔬菜，就已经是 20 世纪 50 年代之后的事情了。但是在很长一段时间里，芦笋基本上都是作为出口商品而存在，绝大多数芦笋都被销往欧美。国人很少会享用这样的蔬菜，这种蔬菜真正出现在菜市场之中，时间已经来到了 21 世纪。

其实，中国的山野之间也分布着一些类似于芦笋的植物。比如，在北京周边的山上就生长着一种叫龙须菜的植物。因为与芦笋同科同属，所以龙须菜嫩茎的外形几乎跟芦笋没有差别，只是更细瘦一些。在一些地方，确实有采食龙须菜嫩茎的习惯，但是，这种野菜始终还是野菜。究其原因，大概还是生产周期长，供应期短（采收通常不超过 4 个月）。与大白菜这样的四季蔬菜对抗，终究是没有胜算的。

但是欧洲人为什么对它乐此不疲呢？

鲜甜又营养的嫩芽

不可否认，芦笋有着特殊的鲜甜味道，这大概是最吸引人的地方。其实，这种鲜甜的滋味儿并不难理解。在植物身体中，芽是生长最旺盛的部位，当然也是消耗营养和能量最多的部位。为了保证生长的正常进行，在芽的部位通常囤积了大量的糖类物质和氨基酸，这就带来了特别的鲜甜味儿。据分析，每 100 克芦笋中除了 92 克的水分，还有 2.6 克的糖，3.2 克的蛋白质，以及大量处于游离状态的氨基酸。在这些氨基酸中，尤其以天冬氨酸和谷氨酸的含量为高，而这些氨基酸又是具有鲜味儿的氨基酸。这就不难理解，为什么芦笋有那种特别的鲜甜温热了。

需要注意的是，芦笋的这种鲜甜味儿是转瞬即逝的。别忘了，它们可是生长最旺盛的部位，就算是在被采收之后，芦笋依然在生长。这点倒是同竹笋有些像，离开土壤之后，很快就鲜甜尽失。更麻烦的是，采收后的芦笋如果不及时处理，很快就变得咬不动了。

人类对好蔬菜的评判标准通常是脆嫩，而植物并不能总是保持脆嫩的状态。要想支撑起枝叶和花果，这茎秆不长得牢靠点儿怎么能行？于是在生长的过程中，植物会在茎秆细胞中不停地囤积一种叫纤维素的物质。说起来，这纤维素也算是糖家族的成员。可惜此糖非彼糖，纤维素不仅不能带来甜蜜，还会让蔬菜变得嚼不动，更麻烦的是塞牙。所以，拿到新鲜的芦笋食材一定要尽快食用。

实际上，如何给芦笋保鲜一直都是蔬菜业界的大课题。目前能想到的办法就是控制它们的生长，比如保存在低温环境中（还好我们有冰箱，不用再去爬阿尔卑斯山了），并且调低储存空间的氧气含量有利于芦笋保鲜。只是芦笋并不耐冻，如果低于 $-0.6℃$ 就会结冰，品质大打折扣。最适宜的储存温度是 $0 \sim 2℃$，所以如果是在家中，把来不及食用的芦笋用密封袋密封放在冷藏室中也算是个选择。目前市面上还有一种速冻技术，就是把新鲜采收的芦笋置于 $-30℃$ 的低温条件下速冻，然后再储存在 $-18℃$ 的环境中，贮存时间可以长达 1 年。只是在一般的饭店和家庭中并无这样的操作条件。

不管怎么说，碰见新鲜美味的芦笋，趁新鲜吃掉是最佳选择。

高级菜肴带来的小尴尬

芦笋固然是好吃的，但是如果吃得太多，也会带来小小的尴尬。有些朋友可能有这样的经历，在晚餐时大口大口地享用芦笋，等一觉醒来上洗手间，忽然发现自己的小便散发出一股特别的"臭味儿"。千万别惊慌，这种臭味儿其实就是芦笋惹的祸。实际上在 18 世纪，人们就注意到了芦笋尿的存在，但是真正揭开芦笋尿的真相是100多年后的事情了。

芦笋能让尿液带上奇怪的气味儿，并不是因为它们会影响我们的身体健康，而是芦笋中一种叫芦笋酸的化学物质进入我们体内发生代谢的结果。摄入人体内之后，芦笋酸会分解成甲基硫醇、二甲基二硫、二甲基硫醚、二甲亚砜以及二甲基砜等化学物质，其中甲基硫醇、二甲基二硫这两种含硫化合物的气味儿最为强烈，正是它们决定了芦笋尿的基调。

但有意思的是，不是所有的人都能产生芦笋尿，也不是所有的人都能闻出芦笋尿。即便是能产生芦笋尿的人也不一定能闻出这种特殊的气味儿。在2010年的一项研究中，科学家发现，人类辨别芦笋尿气味儿的能力确实与基因相关。但是，人类的基因里为什么会有这样明显的差异，仍然是个谜。

还好，芦笋尿这件事儿并不会影响我们的身体健康，那就且吃且闻且欢乐吧。

∞ 美食锦囊

"穷人的芦笋"都是什么植物？

在工业化生产出现之前，芦笋并不是所有人都享用得起的蔬菜。于是，在很多穷苦人家的餐桌上出现了芦笋的替代品，也就是"穷人的芦笋"。其中，最有代表性的当属韭葱，这是一种下端如葱，上端如韭的植物，有特殊的甜味儿。像不像芦笋，全看品尝者的口味儿了。

绿芦笋和白芦笋是两种芦笋吗？

绿芦笋和白芦笋其实是同样的芦笋。只不过，在白芦笋生长过程中会不断培土，不让嫩芽见到阳光，这样就会限制芦笋嫩芽合成叶绿素，从而维持乳白色的状态。白芦笋通常用于罐头，并且有特别的苦味儿，并不为国人所接受。∞

猕猴桃

* 学成归来的中土野果

中国拥有横跨热温寒三带的广阔地域，拥有从青藏高原到江浙平原的多样地貌，拥有从湿热雨林到干冷荒漠的多样气候，中华大地为多种多样的植物提供了舒适的栖身之所，当然，这里也成了植物猎人们的天堂。很多被带往海外的植物都在很大程度上改变了园艺品种的格局，甚至改变了人类的生活习惯。

正因如此，我们时常会赞叹华夏植物的神秘力量——"中国的就是世界的"。可是，有一天，当这些远赴重洋的植物大器已成，荣归故里，甚至是横扫国内市场的时候，我们心中是否会充满"墙内开花墙外香"的纠结呢？前有月季，后有杜鹃，如今猕猴桃又顶着"奇异果"这个华丽招牌开始横扫水果圈。我经常会被问，猕猴桃和奇异果究竟是不是一个东西？哪个甜哪个酸？哪个更好吃？哪个营养价值更高？

我们不妨一起来探究一下猕猴桃的"留学"经历，瞧一瞧这种叫桃非桃的果子究竟有怎样的中华血统，它们是如何从默默无闻的野果成长为世界著名的水果之王的？

苌楚、羊桃、猕猴桃——默默无闻的中土野果

对国人来说，猕猴桃绝对是一种年轻又古老的水果。说它年轻，是因为猕猴桃驯化至今，也不过100多年的时间。要知道，人们从2000多年前就开始栽种苹果，从3000多年前开始栽种桃子，而香蕉的栽培历史甚至长达7000年！与这些水果相比，猕猴桃绝对是小字辈中的小字辈。

国内成规模地栽培猕猴桃的时间就更短了，至今不过30多年，以至于我们这些80后在童年时都没有接触过这种水果。我第一次接触猕猴桃，都已是20世纪90年代末的事情了。至今，我还忘不了那个硬邦邦、绿乎乎、酸得让人掉牙的果子，更别提那些不友好的表皮毛了。大概是因为诸多缺点，让猕猴桃一直以野果身份在深山里闲玩了多年，大有"养在深闺人未识"的感觉。

相对而言，猕猴桃作为庭院绿化植物的历史倒是长得多。在唐代诗人岑参《太白东溪张老舍即事，寄舍弟侄等》一诗中，就有"中庭井栏上，一架猕猴桃"这样的词句，这是猕猴桃的名字第一次出现在典籍之中。可以想见，唐代就有人将猕猴桃栽种于庭院之中了。其实，我们祖先接触野生猕猴桃的历史要更为久远，在《诗经》中，有"隰有苌楚，猗傩其华"的记载，这个"苌楚"就是2000多年前古人对猕猴桃的称呼。遗憾的是，不管是《诗经》中，还是在岑参的诗句中都没有把猕猴桃当果品的记载，当然更没有描写它们滋味的字句了，想来那个时候猕猴桃的

* 美味猕猴桃（*Actinidia deliciosa*），猕猴桃科，猕猴桃属。
传统品种的果肉都是绿色。

果实对人们并没有什么吸引力。这也难怪，因为猕猴桃的外表都太丑了。

我国猕猴桃的种类众多，分布极广，根据最新的统计结果，全世界的猕猴桃属植物有 54 种，我国至少有 52 种，从东北到华北，从华中到华南都有猕猴桃自然种群分布，地处西南的云南省更是猕猴桃的集中分布区域，这里聚集了 45 种猕猴桃。但遗憾的是，这些野生猕猴桃没有一种称得上外表光鲜，即便是以软枣猕猴桃为代表的这类外皮无毛的种类，也谈不上漂亮，它们在成熟的时候，依然披着绿色外套。

至于后来成为猕猴桃主力商品的美味猕猴桃和中华猕猴桃相貌就更不讨人喜欢了，果皮上布满粗毛的形象完全无法同美味水果建立起联系。即便排除外表的成见，猕猴桃的果肉也无法勾起人的自然欲望——绝大多数正常的猕猴桃果实都是晶莹翠绿的。在人类的本能认识中，红色和黄色才是成熟的标志，而绿色就是生果子的代名词。再加上葛枣猕猴桃这样的种类在未成熟前，还有强烈的辛辣味儿。这些累加在一起，猕猴桃不被人喜爱就很容易理解了。

在《山海经·中山经》中，猕猴桃被称为羊桃和鬼桃，想来就不是什么漂亮的东西。至今，在河南省很多地方，野生的猕猴桃仍然被称为羊桃。果实长成这个模样，猕猴桃想要在水果圈里获得一席之地，简直比登天还难。于是在《本草纲目》中，李时珍给出了这样的定义："其形如梨，其色如桃，而猕猴喜食，故有诸名。"言下之意就是，人怎么能跟猕猴一般见识，去抢它们嘴里的野果呢？

在清代植物学家吴其濬的《植物名实图考》中曾记载，江西、湖南、湖北和河南等地的农夫会采摘山中的猕猴桃，拿到城镇售卖。但不管怎么样，猕猴桃在中国的地位就一直都是野果。

甚至到 1978 年的时候，我国猕猴桃的栽培总面积都还不足 1 公顷。

而在同一时间，新西兰的猕猴桃们已经成为独霸一方的高级水果了！而这一切都开始于一个新西兰女教师的中国之行。

新西兰女教师的机缘——安能辨我是雄雌（株）

1904 年，一位新西兰女教师来中国，探望她在湖北省一所教堂传教的妹妹。谁也没有料到，这个女教师的名字竟然同猕猴桃的命运牢牢地绑定在了一起，她就是伊莎贝尔。就在那一年，伊莎贝尔带着一小包美味猕猴桃的种子回到新西兰。这包种子发芽长出了三株猕猴桃，并且顺利开花结果。令人意想不到的是，这三株猕猴桃植株成就了现代猕猴桃产业！目前占世界 80% 供应量的品种——海沃德，正是这三株美味猕猴桃的后代。

实际上，在伊莎贝尔之前，有很多植物猎人已经将猕猴桃的种子送往欧洲和美洲。这其中就包括鼎鼎大名的威尔逊。威尔逊堪称最成功的植物猎人之一，在 1899—1911 年这十几年间，他曾先后 4 次来中国大规模采集植物种子资源，收集种类涵盖了珙桐、罂粟花、报春花、川木通、绣线菊、双盾木等重要的植物类群，这些植物资源在西方的园艺花卉发展中发挥了重要作用。当然，威尔逊也没有错过猕猴桃这类特别的植物。1899 年，威尔逊就将采集到的美味猕猴桃种子寄回英国。1900 年，这些种子顺利生根发芽，但是在 1911 年之前，英国人都没有得到猕猴桃的果实。在同一时间，美国农业部也间接从威尔逊手中获得了猕猴桃的种子，到 1913 年的时候，已经有超过 1300 株猕猴桃在美国各地试种，但遗憾的是，这些植株如旅居英国的兄弟一样，也未能结出果实。后来调查发现，英国和美国培育的首批美味猕猴桃植株都是雄的！那必然是结不出果子的！

跟人类一样，植物也是分性别的。我们通常见到的果树，比如苹果和桃子，都有完整的两性花朵。简单来说，就是一朵花里面既有可以产生花粉（精子）的雄蕊，又有可以产生胚珠（卵子）的雌蕊，这两者相互配合就可以实现授粉受精，结出美味的果实了。即便是西瓜和甜瓜这样有雌雄花之分的水果，一个植株也是既可以开雄花又可以开雌花的，不同植株相互协调即可以开花结果。

但是猕猴桃就不一样了，它们是功能性的雌雄异株植物——雄性植株就只有雄蕊，也就只能产生花粉；而功能性的雌性植株，虽然既有雌蕊又有雄蕊，但是这些雄蕊都只是摆设而已，根本不能产生合格的花粉，这些外表上的两性花都只是雌花而已。所以，对任意一种猕猴桃来说，都必须由雄性植株和雌性植株相互配合，才能真正实现开花结果。

同威尔逊相比，伊莎贝尔无疑是幸运的，因为她带回新西兰的种子繁育出的三株植株中有一株雄性植株，还有两株功能性雌株。幸运女神显然更眷顾我们的女教师，而非植物猎人。还有一种说法是，伊莎贝尔带回新西兰的猕猴桃种子是直接或者间接从威尔逊那里得到的，如果事实真的是这样的话，我们就只能感叹造化弄人了。

美味猕猴桃于 1910 年在新西兰挂果，不久之后，英美种植者们也从中国得到了雌性植株，但是他们似乎并没有在果实选育上投入太多精力，只是把美味猕猴桃当作观赏植物，任其在庭院中经历花开花谢。而新西兰的种植者却是如获至宝，将猕猴桃生产变成现代水果产业的经典案例。

从中国醋栗到奇异果——美味猕猴桃的华丽转身

如今，我已经非常习惯从网上订购猕猴桃。快递送来的猕猴桃，一个个都是硬邦邦的，现在的我当然明白了这是为了储存和运输方便。我和我的朋友们都开始享受到了猕猴桃产业带来的新奇口感，一日赴朋友家做客，看到桌上的猕猴桃随口赞了一句，"呦，这猕猴桃不错啊。""这可不是猕猴桃，这是奇异果！原产新西兰的奇异果。"朋友说这话的时候脸上浮现的是浓浓的优越感。

与国人喜欢脆爽口感的果实不同，西方水果市场对软糯的浆果充满痴迷和狂热，不管是蓝莓、树莓，还是蔓越莓，都是欧美餐桌上的宠儿。猕猴桃，正是迎合了欧美消费者的爱好，迅速成长为一代传奇水果的。美味猕猴桃的成功，或者说奇异果的成功，并不仅仅在于它们奇妙的滋味儿，勤奋的种植者和水果商也功不可没。

一种水果能否在市场上取得成功，首先要解决两大问题，一是种得出，二是运得走。这两点说起来都很容易，但是实际操作起来却是困难重重，新西兰的美味猕猴桃当然也跳不出这个规则的框框。不过，新西兰人没有放弃，他们开始一点一点解决问题。

我们在前面提到，幸运的新西兰人得到一雄两雌三株美味猕猴桃，这三株猕猴桃的后代至今仍然统治着猕猴桃产业。实际上，他们搞懂猕猴桃的繁殖过程着实费了一番功夫。因为猕猴桃的雌性植株过于迷惑人，种植者花了很长时间才搞明白，这些花朵上的雄蕊只是些没用的装饰物，要想真正得到果实，就必须让雄性植株的花粉传递到雌性植株的柱头上去。这一步，既可以用人工的方法实现，也可以由蜜蜂来代劳。更重要的是授粉质量直接关系到猕猴桃的个头和品质，于是为果园提供授粉服务也成了一个新兴的产业。

在解决了结果的问题之后，美味猕猴桃在新西兰开始迅速扩张，这种特别的植物吸引了消费者的注意，也让商业嗅觉敏锐的种植者眼前一亮，种植猕猴桃的高额回报是以往传统水果所无法比拟的。在 20 世纪

30 年代，美味猕猴桃在新西兰掀起了一场猕猴桃热，越来越多的果园开始种植猕猴桃。1924 年，新西兰种植者在实生苗中发现了猕猴桃的传奇品种——海沃德（Haywad）。谁也不曾料到，这个品种竟然统治整个世界猕猴桃市场长达 60 多年。这种猕猴桃个头大，果形漂亮，酸甜适度，储藏性能优良（室温条件下可以存放 30 天），简直就是为市场而生的水果。

新西兰的种植者们并没有满足于此，他们已经筹划着将美味猕猴桃送往全世界了。新西兰人坚信这种水果可以打开国际化的大门，这种自信可能同第二次世界大战时期驻扎在新西兰的盟军士兵有关，据说这些大兵们毫无障碍地接受了这些新奇的果子。美味猕猴桃的种植者们志在必得。

但是新的问题来了，要想进入国际市场，猕猴桃果实就必须要经得起折腾。即便是最温柔的空运，对水果来说也是异常可怕的旅程。且不说意外磕碰，单单是过度成熟腐烂变质就够水果商们挠头的了。还好，美味猕猴桃在采摘之后，还可以慢慢成熟，并且通过调节储藏温度，我们可以在一定时间内让猕猴桃"暂停成熟"，大大延长保鲜时间。对于海沃德品种来说，2℃左右是最佳储藏温度，在这个温度条件下，它们的储藏时间可以长达 6 ~ 8 个月。

在解决了种和运之后，还需要解决一个问题——名字！对，没错，就是名字。要想让国际消费者接受一种陌生的水果，一个美好的名字是非常重要的。我们熟知的圣女果、火龙果都是好名字的经典范例，如果我们把这些东西叫作小西红柿、量天尺果，它们的吸引力必然大打折扣。于是，新西兰水果商们开始着手给美味猕猴桃起名字。

在 20 世纪 60 年代之前，美味猕猴桃通常会被西方人称为"宜昌醋栗"（Yichang gooseberry）或者"中国醋栗"（Chinese gooseberry），听起来就不是什么好吃的水果。至于猕猴桃的那些常用俗名就更不入流了，羊桃、鬼桃、猴桃没有一种能让消费者联想到美味和高档。水果商们必须起一个全新的名字。

于是，在最初的起名字头脑风暴中，有人提出将猕猴桃的商品名定为"美龙瓜"（Mellonette）。这倒是个不错的名字，响亮又容易让人接受，可是这个名字有个致命的缺陷——其中有瓜的含义。要知道，彼时的美国会对进口的瓜类水果征收重税，这是水果商们绝对接受不了的。于是，在另一起绞尽脑汁的起名会上，有人提出将新西兰国鸟的名字安到猕猴桃身上，将其命名为"奇异果"（Kiwi fruit）。

所以，奇异果这个名字并非有意为之，这完全是被逼无奈的结果。谁知因祸得福，奇异果一炮走红，甚至让我们忘了这个东西的名字其实是美味猕猴桃，它们的老家在中国。

绿心、黄心和红心——中华猕猴桃的崛起

也许有朋友会问，为什么一个猕猴桃品种就能统治市场 60 多年呢？园艺工作者难道就不会去培育新的猕猴桃品种吗？难道不能像水稻、苹果那样通过杂交培育出优良的果实吗？答案很简单，传统的杂交育种手段在猕猴桃身上几乎没什么用。

杂交手段的目的就是让亲本的性状强强联合，得到更优质的后代，比如用甜的苹果和大个头的苹果杂交，它们的后代里面就可能出现又大又甜的后代。对于雌雄同花或者雌雄同株的果树来说，这是再简单不过的过程了。我们知道，这些亲本的优点在哪儿。但是对猕猴桃来说，这个方法就变得很复杂——因为我们无从判断雄株是强还是弱，它们能不能为后代贡献优良基因完全是个未知数。就好像，我们在杂交之前，

不能判断公鸡是不是能让后代下出更大的鸡蛋，因为公鸡本身是不会下蛋的。从某种程度上可以说，用杂交手段选育猕猴桃就像是在买彩票，我们永远无法准确预测在什么时间以及什么情况下能中奖，一切都要靠运气。

新西兰的猕猴桃种植者能从三株美味猕猴桃中得到"海沃德"这样品质优良的传奇品种，绝对是撞大运了。在后来 80 多年杂交育种过程中，再也没有出现一种超越"海沃德"的新品种。实际上，我国的科研人员从 20 世纪 50 年代就开始收集和研究野生猕猴桃。今天，我们仍然能在中科院植物所里见到当年引种而来的猕猴桃植株。遗憾的是，我在植物所学习的 5 年中，没有尝到它们的果子。这些植株一直默默地驻守在植物园当中。

幸运的是，中国的野生猕猴桃的资源十分丰富，大自然已经为我们准备好了优秀果实。我国广泛栽培的美味猕猴桃品种之一——"秦美"就是在陕西省周至县发现的野生优良植株，另一种美味猕猴桃主力品种"米良 1 号"则是从湖南凤凰县米良镇的野生种群中挑选出来的。从 20 世纪 80 年代末开始，中国的园艺学家利用嫁接或者扦插繁殖的办法，将这些优良品种推广开来。美味猕猴桃的队伍得以不断扩充壮大，几乎成为猕猴桃家族的代名词。遗憾的是，这些品种里面没有一种能撼动"海沃德"的霸主地位，它的绿色果肉几乎成为猕猴桃的代名词，直到 20 世纪 90 年代，一种黄色果肉的猕猴桃出现在市场上。

毫无疑问，这种果肉金黄的猕猴桃更符合人类的审美本能，"阳光果肉"之类的广告语更是激发了大众的购买欲望。可是很少有人知道，这并非美味猕猴桃的新品种，而是一种全新的猕猴桃登场了，它就是中华猕猴桃。

猕猴桃的果肉颜色是由三类色素共同决定的，分别是叶绿素、类胡萝卜素和花青素。通常来说，不管是哪种猕猴桃，在果实未成熟之前叶绿素都是最优势的色素，这点我们在番茄、苹果身上也能有直观感受，随着果实的成熟，叶绿素会逐渐减少，展现出成熟果实的颜色（黄色、白色或者红色等）。但是美味猕猴桃中的叶绿素在成熟时也不会减少，所以传统猕猴桃品种的果肉都是绿色。而新品种的中华猕猴桃的叶绿素会随着果实成熟而降解，逐渐呈现出类似胡萝卜素所特有的黄色。这正是水果商们梦寐以求的猕猴桃颜色。

目前在市面上能够见到的黄心中华猕猴桃主要有两个品种，一种是由我国选育出的"金桃"，另一种是由新西兰培育出的"Hort16A"。前者由中科院武汉植物园在江西省武宁县发现的中华猕猴桃野生优秀植株发展而来的，而后者则是新西兰从我国引种的中华猕猴桃的杂交后代。从1998年"Hort16A"在日本食销成功算起，在短短的十几年时间里，黄心猕猴桃的市场份额已经占到了20%，人类对水果色彩的天然喜好表露无遗。令人高兴的是，在黄色果肉中华猕猴桃的竞争中，再也不是新西兰人自己的游戏了。我国作为猕猴桃的原产地，终于在激烈的国际市场竞争中有了一些底气。

除了金色果肉的品种，拥有红色果肉的中华猕猴桃在近年来也是异军突起。最具代表性的就是红阳和楚红这两个品种，因为富含花青素的关系，靠近果心部位的果肉就显露出鲜艳的红色。第一次吃红心猕猴桃的感觉，还以为又尝到了高级进口水果，可是，需要特别说明的是，这两个红心品种是土生土长的中华品种，它们分别是从四川和湖北的野生猕猴桃中选育出来的。这也算是我国猕猴桃工作者抢占的一步先机。

可以想见，在未来的很长一段时间里，商品猕猴桃果肉将出现红黄绿三种颜色三分天下的局面。至于有没有新的颜色加入竞争，我们将拭目以待。

还有哪些野果等待上桌——狗枣猕猴桃、软枣猕猴桃

除了市场上火热的美味猕猴桃和中华猕猴桃，猕猴桃家族中还有很多种类早就被园艺学家盯上了，当然关注的不仅仅是它们的绿化功能，更重要的是特别口味的果实，狗枣猕猴桃和软枣猕猴桃是被关注最多的种类。这两种猕猴桃的形象完全不同于传统的中华猕猴桃和美味猕猴桃。

首先，狗枣猕猴桃和软枣猕猴桃个头要小得多，并且它们果皮光滑无毛，所以看起来就像是一颗颗枣子，只不过它们的果皮通常是绿色。我第一次接触软枣猕猴桃的时候也是这样的感觉，谁把没熟的枣打下来了，但是咬开果皮就会发现这毫无疑问是猕猴桃——碧绿的果肉，黑色的芝麻样种子和白色的果心都在说明它们特有的身份。

实际上，早在19世纪，人们就注意到这些小个头的猕猴桃了。因为这些猕猴桃酸甜适口，并且均一性很高，不像美味猕猴桃那样需要千挑万选才能尝到好味道。西伯利亚的居民很早就开始采食这些美味的水果了，甚至有俄国种植者预言，狗枣猕猴桃将成为新兴的水果。

只不过这些小众猕猴桃都有自身的缺陷，很难储运。对于一种想成为商品的水果来说，这几乎是致命的。时至今日，仍然没有选育出符合标准的软枣猕猴桃和狗枣猕猴桃，它们仍然会以野果的身份生存下去。

今天，中国已经成为猕猴桃种植大国，我国的猕猴桃种植面积几乎占到世界总种植面积的一半，产量也稳居世界第一，我们已经可以看到一个真正的猕猴桃大国在迅速崛起。但是我们用6倍于新西兰的种植面

积，生产总量只比新西兰猕猴桃总产量多 40% 而已，与此同时，我们依然缺乏自主选育的优秀商品品种，诸多严峻的现实就摆在我们面前。如何用我们的猕猴桃来迎战"留学"归来的奇异果，仍将是一道充满挑战的试题。

柿 子

* 意外的涩味儿 "混凝土"

我们家住在晋南,那里是个盛产柿子的地方,各种柿子产品层出不穷。不光是鲜甜的大柿子,还有酸溜溜的泡柿子、软糯的柿饼、坚韧的柿皮干,更有酸得人呲嘴的柿子醋。柿子从来就没有离开过我的视野。中学时,在临汾求学,那里有一条花果街,到柿子快成熟的时候,就会有很多小麻烦,路上布满了各种橙黄色的污渍,让人不得不联想到某些特定场所。所以说,深秋挂果的柿子树虽有诱人风姿,但是当行道树是不合适的。

当然摘柿子也是个技术活,因为柿子在众多水果之中,算是个娇气的存在,它们并没有苹果和梨那硬硬的体格,只要稍不小心,"啪叽"一下落在地上,就变成果酱了。在传统栽培的柿子树上,只有把盛满柿子的篮子从枝头用绳索轻轻放下才是解决之道。

*柿子（*Diospyros kaki*），柿树科，柿树属。
多半都含有充足的单宁。

虽然姑父带来了大柿子，大姑带来了柿饼，表哥拿来了柿子醋，但是我始终都对柿子不感冒，因为柿子的涩味儿实在是让人感觉不靠谱。即便是那些看似光鲜靓丽的大柿子也不会令人口舌痛快，涩，真涩！等母亲把这些新鲜的柿子挨个放到瓮里面码好，再放上几个大苹果，再把小瓮放到阴凉处，经过一周左右的时间，开盖拿出柿子。这柿子还真没有涩味儿了！

不过，即便是甜柿子，吃的时候依然有诸多规矩，比如不能空肚子吃柿子，吃了螃蟹鱼肉不能吃柿子，如此种种。这柿子究竟是吃得，还是吃不得，就成了一个谜题。

本土的大水果

比起苹果、香蕉、西柚这些外籍血统，或者是异域"留学"归来的猕猴桃来说，柿子可是不折不扣的本土产品。早在公元前 8000 年，我们的祖先就已经在采集这些果子了，在浙江省浦江上山的遗址中就出土了柿子核，足见这种水果的食用历史之悠久。

从春秋时期开始，人们就有意识地驯化野生的柿子树。当然，这个时候的柿子栽培技术还比较落后，仅限于帝王赏玩。也不知道是当时的食物确实匮乏，还是帝王着实好柿子这口，很多国君对柿子都给出了极高的评价，比如梁简文帝就曾经称赞柿子"甘清玉露，味重金液"，《礼记·内则》中则记载了柿子作为 31 国国君标准饮食的规定，足见柿子的重要性。

在很长时间里，柿子都是作为国君的食物和赏玩品存在的。一方面是好的品种不易获得，另一方面靠种子来种柿子的效率也不高。再加上很多柿子本身还有雌雄异株的习性，你永远不知道种出的那棵柿子树是能结出柿子的母树（尽管有些柿子，只要雌花就能结果实，比如眉县牛心柿、磨盘柿），还是只开花不结果的雄树。优良品种之所以能够大规模推广，还是靠嫁接的方式。

在南北朝时期的《齐民要术》中给出了柿子大规模生产的方式，"柿，有小者栽之；无者，取枝于软枣根上插之，如插梨法"。看来在南北朝时期，我们的祖先就已经掌握了柿子树的嫁接技术，并让优良品种的性状得以推广，到今天我们才能吃到这样美味的大柿子。实际情况是，几乎所有优良的木本植物水果都依赖于嫁接技术的发展，如果没有嫁接植物，我们就很难吃到好吃的苹果、梨、橘子和樱桃了。可以说嫁接技术彻底改变了柿子的命运，让它们从庭院赏玩的花木变成了真正大规模繁殖的果树。不过，柿子仍然面临着另一个大问题，就是它们天生的涩味儿。

空腹吃柿子的风险

柿子的涩味儿来源于它们果实中的单宁，单宁是普遍存在于植物中的一种物质，我们熟悉的红葡萄酒的涩味儿也是单宁造成的。需要注意的是，单宁还有另外一个名字叫鞣酸。物如其名，这种物质是鞣制皮革的重要原料。我们在使用皮革的过程中，必须把从动物身上剥下来的干硬的生皮变成柔软的熟皮。这个过程中，鞣酸让皮革中的蛋白质发生了蛋白质变性。所谓变性，就是指蛋白质的状态发生了变化，从本来可以溶解在水中的状态，变成了结实耐水的状态。我们煮鸡蛋的时候，看到蛋白凝固，其实就是一种蛋白质变性了。加热、特定的化学物质都可以让蛋白质变性，而单宁就是其中之一。

问题就来了，如果这种变性是为了对付皮革还算是件好事儿，但如果这种变性是发生在我们身体内部，就会带来很多麻烦。我们的胃液里面实际上存在很多蛋白质，如果这些蛋白质与单宁接触就会发生变性凝固，再加各种柿子皮、柿子肉这些东西，经过胃这个人体搅拌机一搅和，就变成了一块不折不扣的"混凝土"了。这种"混凝土"有个专门的名字——胃石。

网上流传着很多治疗胃石的偏方，比如用喝可乐的方法来瓦解胃石。我们且不说胃石会不会在弱酸性的环境下崩解，虽说可乐的酸性还有点小强（pH 为 2.6），但也帮不上什么忙。要知道，我们胃酸的酸性（pH 为 0.9 ~ 1.5）要远远高于可乐，胃酸尚且对胃石束手无策，就更不用说是可乐了。

在吃柿子之后，一旦发现有胃石的征兆（比如上腹不适、食欲不振、口臭、恶心、呕吐等），还是尽快寻求医生的帮助。切忌用各种"偏方""土办法"来对付。

至于最好的应对方法还是要避免在空腹的情况下，吃下大量柿子，这是最容易造成胃石的条件。避免猛吃柿子，就可以很轻松地绕过这个雷区。不过，话说回来，这柿子为什么要储备单宁，还要在人类的肚子里面制造混凝土呢？

瓮里的甜柿子

其实涩味本身就不是特别让人舒爽的味道，导致涩味儿的物质（比如单宁）实际上是在跟味蕾上的蛋白质结合，让人感觉到不适。这恰恰是柿子在未成熟的时候，防御动物袭击的一个重要武器。

不过，即便是看起来红彤彤的柿子也并不好惹，如果是个急性子，从柿子树上现采现吃，嘴巴多半就要受苦了。因为绝大多数柿子有种特殊的习性——后熟。前面我们说到，柿子的涩味儿来源于其中的单宁，而挂在枝头的柿子多半都含有充足的单宁。也就是说，这些水果不会在枝头完全成熟。因而，才有了母亲往瓮里混装柿子和苹果的经验。这样做是利用苹果释放的乙烯，促使柿子中的单宁尽快降解，于是就能很快吃上甜柿子了。

其实，后熟现象还发生在西洋梨和秋子梨身上，有一回同事从南非带回了几个西洋梨，问我这东西怎么才能吃，又酸又涩，难道是第一世界的朋友们都好这一口？在我的建议下，西洋梨又多放置了几天。等到梨子已经软软的时候，再去皮切块，饱满甘甜的汁水冲洗口唇，相较之前的滋味简直有天壤之别。至于我们本土产的秋子梨也必须经过后熟处理，在东北有一项特别的处理方法——冻梨。把梨放在零下几十摄氏度的低温中冷冻数日。等到要吃的时候，端一盆冷水，把冻梨放入，待到梨子表面形成冰壳，敲碎冰壳，去掉黑色的外皮就能享受汁水饱满的甜蜜果肉了。

为什么果实在枝头不会完全成熟，到目前为止并没有一个严格的解释。这很可能跟有效传播种子的动物有关，等到果实跌落到地面，那些可以把果实整个吞下的动物才会把果实里面的种子带走。

除了把柿子和苹果混装之外，还有一些去除涩味儿的方法。比如，我们可以把涩柿子泡在40℃的温水里面，完全隔绝空气，促进单宁降解，大约过24个小时，柿子的涩味儿就消失了。可是这样的做法也是有风险的，分解单宁的酶可能会被过高的温度破坏，结果柿子就再也脱不掉涩味儿了。当然，我们还可以向水里面添加石灰，让石灰跟单宁结合形成沉淀，达到脱涩的目的，但是这样做的弊端是，柿子的外皮上会附着白色的物质，影响卖相。

人们不喜欢柿子皮上的白石灰，但是会对柿子的另一种白霜喜好有加，那就是柿饼上的白霜，白霜其实就是糖，并且占到了柿霜总重量的

95%！

柿子有什么特殊作用？

有人说，柿饼上的白霜有清凉去痛功效，特别适合应对风火牙疼。我们就权当是个传说罢。可是想想，那不过是果糖、葡萄糖和蔗糖的混合粉末，如果这些物质能下火，那为什么非要从柿饼上提取呢？

不过，柿蒂的作用倒有几分特别。有一年春节，我呃逆不止，憋气、吞白糖……用过多种方法都无济于事。连医生都说这是膈肌痉挛了，过段时间就好了，可是医生说得轻巧，这种 24 小时不停的呃逆已经严重影响了我的正常生活。后来听表嫂的偏方，用柿蒂熬水饮用，很快就止住了呃逆。后来查阅文献，确实有研究显示柿蒂的提取物有抑制痉挛的功能，至于其中的原理，还需要很多研究来解释。

∞ 趣味知识

为什么柿子树有小脚？

柿子树多半是嫁接在黑枣树（君迁子）上的。因为黑枣树的根系发达，抗寒抗旱，作为柿子的砧木再合适不过了。但是，嫁接在一起后，因为柿子和黑枣的生长速度不能完全同步，所以就出现了茎干基部细、上部粗的"小脚"现象。∞

蔬菜兄弟团

* 各方面军汇合入口

在尝过中西各式烹饪之后，忽然发现，中餐有一项绝技，就是把各种蔬菜都做得很好吃。多年来依靠农耕的生活方式，让我们拥有了特别的经验，能把平淡无奇的叶片花朵变成美味佳肴。

不过能在中餐的餐桌上屹立不倒的蔬菜必然也是有两把刷子的，否则怎么能哄得了舌尖上的中国。有句俗话说得好，"打虎亲兄弟，上阵父子兵"，蔬菜里面也有这样亲密的菜品。不过，在它们出场的时候，我们根本不会注意到它们可都是亲兄弟。我们不妨来细数一下这些活跃的蔬菜军团。

甘蓝方面军

军团标志：来自异硫氰化物的特殊芥菜味儿

作战序列：手撕包菜，干锅菜花，蒜蓉西蓝花

多年前，在我做兰科植物野外考察的时候，在山沟里一住就是十天半个月。每次去镇上补给，我们都会扛回几大袋子卷心菜。当然，这并不是因为卷心菜鲜美异常，而是因为它们好存放，而且用油炒或者用水煮都能吃出甜味来。但是再好的菜，人类的耐力也是有限度的，总吃一种菜带来的后果就是害怕开饭。考察结束，回到家，老妈已经准备好了晚饭："妈知道你天天吃卷心菜，回家就来点不一样的菜吧。"我望了望餐桌上的西蓝花，似乎并没有逃离甘蓝的手掌心。

虽然卷心菜等甘蓝军团成员传入我国的时间并不长，但是甘蓝方面军的势力已经异常强大了。不管是卷心菜、花椰菜、西蓝花、罗马菜花和茎蓝，都是甘蓝这个物种的不同变种而已，只不过我们吃的部位和形态不同而已。

原始的甘蓝，老家在欧洲，它们并不会把叶片卷成一个球，它们的叶片通常是散开的，就像我们常见的小白菜那样。只是因为基因的变异，这才出现了包心的现象。这对甘蓝来说是个可有可无的变异，但是对人类来说却是非常重要的。一来提高了甘蓝的储藏性能，二来甘蓝的可食用部分也大大增加了。于是，卷心菜就成了重要蔬菜。后来，叶片中富含花青素的紫甘蓝的出现，更是大大丰富了沙拉原料的选择。只是花青素带有特殊的涩味儿，并且加热后容易变色，并不适于在中餐餐桌上进行战斗。

当然，甘蓝军团并没有放弃中餐的餐桌，以花作为食材的战士们很快就跟了上来，不管是花椰菜、西蓝花还是宝塔菜花。其实，在西蓝花的身上，我们还是有机会看到完整的花。如果买回去的西蓝花没有很快吃完，上面的绿色花蕾就会变成小小的黄色花朵，跟油菜花倒是有几分

*葫芦（*Lagenaria siceraria*），葫芦科，葫芦属。

*生菜（*Lactuca sativa*），菊科，莴苣属。

*卷心菜（*Brassica oleracea var. capitata*），十字花科，芸薹属。
甘蓝家都有来自异硫氰化物的特殊芥菜味儿。

相似呢，没办法，谁让一部分甘蓝确实成了油菜花的祖先之一呢，那也是甘蓝。另外一个祖先是芸薹。当然，榨油的油菜可以分为白菜型油菜、芥菜型油菜和甘蓝型油菜，只不过甘蓝形油菜的茎秆和叶片有着特有的灰蓝色，特别是将要成熟的时候，就像田里弥散着蓝色烟雾。等这些茎秆和种子逐渐显露出黄色，就可以收割回去。经过晾晒之后，捶打出长果子里面的棕黑色油菜籽，就可以送到榨油厂榨出菜籽油了。

不管是菜花，还是西蓝花，我们吃的主要部位其实是膨大的花序轴。只不过花椰菜的幼嫩花蕾变得更特别，比西蓝花的更多更密，颜色也是雪白的。并且，还不等这些花蕾变成完整的花朵就端上我们的餐桌了。

至于宝塔菜花，又在花椰菜的基础上向前走了一步，每一个小花序又变成了宝塔形状，因为这种类型的花菜是在意大利培育出来的，所以又有罗马花菜之称。

除了吃叶子和吃花的种类，我们还会碰到一些特殊的甘蓝——球茎甘蓝和抱子甘蓝。球茎甘蓝，顾名思义，就是茎秆长成圆球的甘蓝，它们平常的名字是苤蓝。苤蓝同蔓菁非常相似，只不过前者吃的是茎，圆球上表面均匀分布着很多叶柄的痕迹，而蔓菁食用的是根，只在顶端有密集的叶子痕迹。当然了，这两种东西的口感味道相差甚远，苤蓝的口感更像萝卜，脆嫩多汁，清炒煮汤都不错，而蔓菁更像是土豆，只能大块大块地煮了吃。当口感更好的土豆从南美来到欧亚大陆之后，蔓菁的地位已经是一天不如一天了。

至于抱子甘蓝长得倒是有几分戏剧性，论模样就像是一棵缩小版的番木瓜树，不过这个"小树"上结的不是果实，而是一些被我们称为叶芽的结构，这些叶芽就像一个个缩小版的花椰菜。不过抱子甘蓝的味道有些发苦，所以，尽管样子很萌很可爱，但是出现在餐桌上的机会并不多。

不管甘蓝战士的外形如何转变，它们共有的气味都是无法隐藏的身份标志，那是一种叫异硫氰酸盐的物质，包括白菜、萝卜在内的十字花科植物都会释放出这种物质。有意思的是，当甘蓝处于完整状态的时候，并没有气味。这些气味的物质被一些葡萄糖"包装"起来，只有当叶子受到伤害的时候，才会释放出难闻的化学武器。

说到底，释放气味是为了防止各种动物来啃食。但是，人类似乎并不在意这种气味，甚至对这种气味有所迷恋，这在动物界也算是特殊行为了。不管怎样，甘蓝对人类不成功的防御，也成就了它们随着人类脚步征服世界的霸业！不管是叶、花，还是种子都找到了自己的位置。

葫芦别动队

军团标志：种子挂在白瓢上

作战序列：火腿蒸葫芦，红烧肉炖葫芦条

走进肯尼亚国家博物馆，我就立刻被展厅中央的展品吸引了。那是一座葫芦制品堆砌而成的雕像，不同大小、形状的制品诠释了不同民族对葫芦的相同运用——那就是容器。其实，我们对葫芦的最初认识，也是从它们的容器身份开始的。这不仅仅有八仙过海中那个大葫芦，梁山好汉经常会打开的酒葫芦，还有我们家面缸里面半个舀面粉用的葫芦大瓢。山西还有句俗话，"缴枪不缴醋壶"。在很长一段时间里，我都认为葫芦就是为容器而生，直到后来偶遇了葫芦菜肴。

中国栽培葫芦的历史相当悠久，早在2500多年前葫芦就已经是房前屋后的常客了。中华大地上并没有野生葫芦分布。其实，葫芦是从非洲传播到中国的，在此过程中，海流和喜欢葫芦的人都可能充当了传播工具。于是中国葫芦究竟从何而来也就成了个不大不小的谜题。

对于我来说，葫芦出了另一个谜题，那就是在农家乐餐单上的"红烧肉炖葫芦条"，这硬邦邦的葫芦究竟是如何变成菜的呢？于是，我一边嚼着这些有嚼劲的干菜，一边琢磨着可能的软化过程，却始终梳理不出答案。直到后来在菜市上碰到了新鲜的葫芦。

5月，在杭州菜摊上，堆满了新鲜的豌豆、蚕豆和茭白，一派初夏的鲜味儿。在这些餐桌常客之间，还冷不丁地站着几个葫芦。这些葫芦就是要做成菜肴的菜葫芦。在餐馆里可以吃到火腿蒸葫芦，火腿恰到好处的咸衬出葫芦片微微的鲜，这可是难得的应季佳肴。这样一头大一头小的葫芦只能算是客串蔬菜，真正为我们提供食材的是瓠瓜，或者叫瓠子的东西。

看名字，瓠瓜似乎跟葫芦没什么关系，连这个瓠（hù）字儿，恐怕都让人生分。但是这种圆柱形的瓜，毫无疑问就是葫芦的亲兄弟，并且它们的果肉更厚，更适合烹制菜肴。值得一提的是，瓠瓜才是制作葫芦条的良好原料。用螺旋状走刀切割，就可以切出很长的葫芦条了。把这些瓠瓜条晒干，储存起来，待到需要时，水发之后就可以炖肉了，浓浓的干菜香气随之浸入菜肴之中。

瓠瓜因为好种好收，很久之前就成为农家看重的蔬菜，在《管子》和《汉书》上都有关于种植瓠瓜的记录。在东汉典籍《释名》中还有这样的记载，"瓠蓄，皮瓠以为脯，蓄积以待冬月时用之也"。看来葫芦条这菜已经有很久的历史了。

实际上，不管是做瓢用的葫芦，还是做菜用的瓠瓜，都是葫芦这个种下的变种，从植物学的角度讲，我国的葫芦可以分为5个变种，包括瓠子、长颈葫芦、大葫芦、细腰葫芦和观赏葫芦。除去瓠子，我们还能吃到的就是"脖子"比较长的长颈葫芦，长成一个扁球状的大葫芦，以及有着标准葫芦样子的细腰葫芦，当然这三种大葫芦到老成之时，都可以化身为容器，盛醋舀水皆可。

至于观赏葫芦，个头通常不超过 10 厘米，果肉也薄，这样的葫芦上不了餐桌，作为手边的把玩倒是可以物尽其用。

现代人吃东西，都要讲个用处，特别是葫芦这种小众菜肴尤为明显。葫芦中所含有的葫芦素 B 被认为有一定的抑制肝脏肿瘤生长的作用，但是这样的效果也仅仅是在研究过程中。即便是研究成功，它也是一种药物，在杀死癌细胞的同时也会危及正常细胞。所以，还是趁早打消吃葫芦防癌的念头吧。

如果有条件的话，在房前屋后点上几棵葫芦，打理一下，倒是有益身心，这也算得上是良药一剂吧。

顺便提醒一下，跟所有的葫芦科植物一样，葫芦也是雌雄异花的植物。也就是说它们的雌蕊和雄蕊藏在不同的花里面，并且一条藤子上的雌花开放的时间要早于雄花，这样的好处是避免了自花授粉产生孱弱的后代，但却给只有一棵葫芦的种植者出了难题。最好的解决办法就是多种两棵葫芦，用人工授粉的方法，把花粉送到雌花的柱头上去。当然如果能找到合适的雄花花粉，及时打包回来授粉也是可行的。只要有心，都能得到自己的小葫芦。

生菜集团军

军团标志：来自烯萜类化合物的苦味儿和菊花味儿

作战序列：生菜沙拉，凉拌青笋丝，蒜蓉油麦菜

菊的味道总是萦绕在我们身边，从小时候熏蚊子用的艾蒿火堆，到后来兴起的菊花茶，再到被大江南北饕客接受的茼蒿，菊的味道越来越

强大，甚至在西餐兴起之后，声势浩大的生菜大军呼啸而至，依然带着菊的味道。

菊的味道来自菊科植物特有的萜烯类化合物，比如有强烈艾草气味的桉树脑和桉叶油就是其中的代表。这类化合物不仅气味刺激，而且有种特殊的苦味儿。还好，生菜中的苦味儿和菊味儿都没有那么强烈，最终成了百搭的配菜。幸亏有生菜的出现，否则实在无法想象，有着茼蒿味儿的生菜如何去搭配巨无霸里面的牛肉饼。

我们习惯吃生菜不过是 20 多年的时间，但是莴笋却是中国产的土著了。如果不是相似的菊味儿，很难想象这两个东西竟然是亲兄弟。其实，生菜和莴笋的老家都在地中海沿岸，它们共同的祖先——山莴苣就生活在这里。山莴苣是一种浑身长满刺毛，苦味儿强烈的植物。不过，人类似乎并不在意这种特殊的苦味儿，在公元前 4500 年的埃及陵墓壁画中，就描绘了莴苣叶的形象。

在古埃及，莴苣被认为与生产和收获之神"明"有关，所以在节日庆典的时候，莴苣也被放置在明神神像周围，据说这样可以增强神的繁殖能力，为人类带来更好的收成。需要注意的是，这些莴苣叶还是像小白菜那样散开的，一如今天我们看到的花叶生菜和油麦菜。叶菜形态也限制了莴苣的流通，于是叶用莴苣一直处于不温不火的状态。

到了 16 世纪，欧洲人培育出了叶子团成球的莴苣，那就是生菜的始祖。当然，生菜中的莴苣苦味还是延续了下来，直到冰山生菜的出现。冰山生菜从 20 世纪 20 年代出现在美国餐桌上，很快，这种叶用莴苣就以多汁、脆嫩成为沙拉原料中的佼佼者。在随后的 20 世纪 50 年代，制冷保鲜技术的发展解决了生菜保存运输的大问题。以往，生菜都是用冰块来保鲜的，但是这种做法的效果并不好，成本也居高不下。新型真空冷却设备的出现，让我们可以在农场附近，对生菜进行迅速冷却。真空预冷装置的核心并不是一个冷冻机，而是一个放大版的抽气机。它的基本原理是，把蔬果放置在一个密闭容器中，然后快速抽出空气，因为气压的降低，果蔬内的水分和气体会迅速散失到真空中去，在水分蒸发的过程中会带走大量的热，于是蔬果的温度就急速降低了，之后再用冷藏车运往销售市场。这样做的好处是，蔬果的降温比较均匀，并且连蔬果内部的温度也可以降下来，克服了冰块带来的降温幅度不均的弊端。这种做法大大提高了生菜的保鲜质量。

至此，生菜的黄金时代到来了。因为容易保存和运输，味道品质如一，生菜很快成为快餐业的宠儿，而后随着肯德基和麦当劳的扩张，足迹很快遍及全球。进入中国之后，仍然活跃于各式凉拌菜之中（比如大拌菜），因而获得了生菜的大名，在中国餐桌上的势头之猛，完全盖过了在中国活跃的另一支——莴苣。

中国的这一支莴苣，大约是在公元5世纪的时候到达的。在宋朝典籍《清异录》中，有这样的记载，"高国使者来汉，隋人求得菜种，酬之甚厚，故因名千金菜，今莴苣也"。可见在隋唐时期就有了莴苣，并且初入中原的莴苣还相当金贵。此后莴苣在中国的推广顺风顺水，到公元12世纪时已经是"四方皆有"了（北宋《本草衍义》，1116年）。在后世的培育中，这一支莴苣走上了完全不同的道路。中国莴苣的长项不在叶上，而在茎上。粗壮的茎秆中饱饱地吸满了水分，脆嫩的口感、内敛的外形（好吃的部分都包裹在外皮中）倒是很符合中国式审美。

如果莴笋够新鲜，切开外皮的时候还会有乳浆冒出来。实际上，莴苣的拉丁属名"Lactuca"的词头"Lac"正是乳汁的意思。不过这些冒出的白浆中几乎没有蛋白质和脂肪，而是一些非常苦的萜类化合物，其作用也是让食草动物的嘴巴不够爽。当然了，聪明的人类是会避开这个小陷阱的。

不过，吃苦这事儿被国人当作高端享受，特别是在餐桌上吃苦。人们觉得改造好的莴笋生菜已经不能满足吃苦的需求了，于是出现了"苦菊"。虽然苦菊的样子跟油麦菜和花叶生菜非常像，只是叶片有点羽毛状的分裂，但它却是完全不同于莴苣的物种。苦菊是菊苣属的成员。虽然名字只有一字之差，但内心却完全不同。莴苣的花朵是黄色的，而菊苣的花朵是蓝色的，莴苣已经偏甜水分更多，而菊苣的苦味儿更重。

附带提一下，不管是菊苣还是莴苣，都有一些特殊的用途。因为菊苣有特殊的风味和苦味，它们的根在 18 世纪还曾经被煮成"咖啡"来饮用，当然，这种冒牌咖啡是不含咖啡因的，所以当然没有提神醒脑的作用，这只是咖啡嗜好者聊以慰藉的一种替代手段罢了。至于莴苣家族也不甘示弱，其中的某些变种，可以提供近似烟叶的叶片，把这些植物的叶子晾晒切丝，就可以当作无尼古丁香烟来抽了，至于个中的滋味恐怕只有老烟枪能体会了。

茶

*巧茶本非茶

　　清明和谷雨都过了，又到一年春茶季。各种龙井、毛尖、碧螺春相继登场了。可是有一些茶却是不讲时节的，它们不说鲜甜，也不论色泽，穿插在我们生活的角落之中。巧茶（又名阿拉伯茶、也门茶等）就是其中之一。此外，我们还经常听说有苦丁茶、肾茶、金花茶等茶名，这些茶跟通常所说的茶叶有什么不同？这些茶究竟能不能喝呢？

巧茶本非茶

　　我们通常所说的茶叶，都是指山茶科山茶属植物茶（*Camellia sinensis*）的叶片，不管龙井、毛尖、碧螺春，红茶、绿茶、乌龙茶皆是如此，只是选取的品种和加工方法不同而已。虽说，山茶属的其他6种野生茶树也可以提供一些茶叶，但是囿于产量，一般也很难见到了。所以说，市面上的茶叶大多只是戴着不同商品名帽子的同门兄弟了。不过，"阿拉伯茶"可不是在阿拉伯生产的茶，而是来自完全不同的植物——巧茶！

巧茶不是山茶科植物，而是卫矛科巧茶属植物。论家谱，它们倒是跟我们路旁栽种的冬青卫矛（也叫大叶黄杨）更亲近一些。只是巧茶的老家远在非洲和阿拉伯半岛，我国只是因为科研目的，在海南和广西有引种。在当地人看来，这是一种有神奇作用的叶子，会给人带来特有的愉悦感。在艰苦追踪猎物的过程中，嚼上一些有助于保持斗志。所以，巧茶在埃塞俄比亚有着悠久的种植传统，在公元 15 世纪的时候，巧茶传入了也门，并开始大规模种植。

直到今天，在西亚的也门，巧茶仍旧是一种重要的休闲嗜好品，甚至有以咀嚼巧茶为主题的聚会。巧茶也是体力劳动者对抗困倦和疲乏的利器，这同南美安第斯山脉的工人咀嚼古柯叶倒是有几分相似。那么是什么让巧茶有这样的效用呢？

虽然叫茶，也有兴奋性，但是它们的成分跟茶叶中的茶碱和咖啡因有很大的区别。巧茶中的主要化学成分是一种叫卡西酮的物质，这种物质很有意思，在新鲜的巧茶叶片中含量较高。在叶子枯萎的过程中，就逐渐降解，所以，人们通常是咀嚼新鲜的巧茶叶片。这也是我们在曝光中经常看到新鲜巧茶叶片的原因。在叶片采摘 48 小时后，巧茶叶片中的绝大部分卡西酮就会分解为甲基麻黄素，其效力就会大打折扣了。

在汽车和飞机等先进运输手段出现之前，巧茶的消费只能局限在产地周边。而高效运输工具的出现，改变了这一局面。那么，涌动的巧茶会带来哪些问题呢？卡西酮的主要作用是可以提高中枢神经的兴奋性，刺激大脑分泌多巴胺，带来一种愉悦的感觉。但是，当药力消失，伴随

* 金银花（ *Lonicera japonica* ），忍冬科，忍冬属。

* 茉莉（ *Jasminum sambac* ），木樨科，素馨属。

* 玫瑰茄（ *Hibiscus sabdariffa* ），锦葵科，木槿属。

努力抢茶叶工作的花。

的这种愉悦感过后，又会涌出沮丧、焦虑、失望的情绪，长期服用可能会导致逻辑混乱、心肌梗死等症状。

不过有两点要特别注意。第一，卡西酮和甲卡西酮是两种物质，甲卡西酮是种效力更强的毒品，俗称"浴盐"。2012 年 5 月，美国迈阿密发生的食脸男事件中，凶手很可能是服用了过量的甲卡西酮，因而做出诡异的伤人举动，并被警方击毙。第二，巧茶中的卡西酮随着干燥是会降解的，所以那种用干叶子冒充茶叶诱人吸毒的说法也是不对的。完全没有必要因此对茶叶产生恐慌。

不管如何，卡西酮仍然有一定的成瘾性和毒性，所以不要为了一时的刺激就去主动尝试巧茶为好。同样，这条原则也适用于烟草，要知道烟草对人体的危害性甚至成瘾性都要高于巧茶！

我离开大学校园时，系主任留给我们一句话："什么都可以尝试，但吸毒千万不可以尝试！"现在回想起那个场景，那个坚定的声音仍然环绕在耳边。所以，还是不要去碰这样的阿拉伯茶为好。

苦丁茶的苦

如果说阿拉伯茶是为了愉悦的话，那么喝苦丁茶几乎就是为吃苦而吃苦了。我第一次去买苦丁茶的时候，实在想不通这些像大号火柴棒一样的东西为什么那么贵，况且它们的味道实在不好，除了苦味还是苦味。若非父亲坚信这东西可以降血脂、降血压，我才懒得搭理它们。后来，在贵州山里看向导家里采收的苦丁茶又是一副碎叶子的模样，一时迷惑了，这苦丁茶还能变身不成？

其实，火柴棒和碎叶子本来就不是一种东西。所谓苦丁茶，并不是一种植物的名称，而是众多植物的共有名称，大概那些够苦又有点茶叶模样的叶子都可以算得上是苦丁茶吧。不过，通常来说，苦丁茶主要包括两大类，一类是冬青科冬青属（Ilex）植物，如大叶冬青，我买到的"火柴棒"就是这类苦丁茶了，冬天同时出现的绿叶小红果子是它们的特征；另一类是木樨科女贞属（Ligustrum）的植物，如粗壮女贞、丽叶女贞，向导家晒制的那些碎叶子就是这类苦丁茶了，我们从北京常见的金叶女贞身上依稀能想象那些原植物的样子。所以，同名苦丁茶却是完全不同的植物。

有朋友会问，茶也是苦的，为啥茶会好喝得多呢？别忘了，茶里面可不只有苦涩的茶碱和茶多酚。茶叶中的糖和氨基酸以及醇类和酯类物质对茶叶风味贡献极大。而苦丁茶中的物质就显得寒碜多了。就拿鲜味来说，冬青苦丁茶中的游离氨基酸仅为 34.24～119.93 毫克/100 克，这比茶叶中的氨基酸含量低得多（4329 毫克/100 克）。因此苦丁茶的风味儿要比茶叶差远了。

苦丁茶的苦味主要来源于其中的黄酮类化合物，这是一类目前研究得火热的植物化学物质。因为黄酮类物质的一些抗氧化能力，于是苦丁茶也被捧上了神坛。可是在查阅文献的过程中会发现，那些苦丁茶抗癌、降血压、降血脂的实验，要么是动物实验，要么是语焉不详，核心就在于清除自由基。在确切的实验证据出现之前，还是不要为保健而只喝苦丁茶了。因为，长期大量服用苦丁茶还存在很大的风险。

在广西壮族自治区人民医院的一项实验中，科研人员发现长期大量服用冬青苦丁茶会造成大鼠的肝肾损伤。在为期 11 周的实验中，高剂量服用苦丁茶（12 克/每公斤体重）可诱发大鼠的肝脏水肿以及间质性肾炎。虽然我们很难每天吃下 1 斤的苦丁茶，但是苦丁茶的潜在风险仍然不容忽视。好处和危险究竟如何抉择，还是需要好好掂量一下。

仅仅是换个口味，自然是没什么问题，为吃苦而吃苦就大可不必了。

长"猫胡子"的肾茶

苦丁茶对肝肾不善，而茶中还真有针对肾疾的茶。它的名字很直白，就叫肾茶。我第一次在西双版纳热带植物园见到这种植物的时候，一下子就被它们特有的花朵吸引了。一朵朵小花的花蕊就像猫胡子一样绽放开来，于是这种唇形科的植物就有了一个形象的名字叫猫须花。伸出花瓣的花蕊，无非是为了把花粉更好地涂抹在吃花蜜的"蜂蝶食客"身上。只是，很少有人去关注这个精彩的表演罢了，大家更关心的是它们能给我们的健康带来什么样的好处。

肾茶作为一种传统药物，一直被用来治疗急慢性肾炎、膀胱炎、尿路结石等疾病。因而有了肾茶这个名头。但是到目前为止，我们还不清楚其治疗的原理。只是在一些实验中发现，肾茶中的肌醇具有一定的利尿作用。正是这种利尿作用的存在，可以增加尿量与尿酸排泄，还可以减少肾小管对钠离子和氯离子的重吸收，增加排泄量，从而达到治疗肾病的目标。

另外，有报道称，肾茶中的各种酮类、二萜、酚类、三萜类化合物有可能同时发挥了抗炎抗菌的作用，但是具体的机制仍然不清楚。看来，要想让肾茶坐实肾病良药的位子，还有很多工作要做。把所有的希望寄托在一种草药身上，并不是明智的做法。听医生的才是最可靠的。

编外成员——金花茶

如果说喝肾茶是为了治病，那么喝金花茶就纯粹是为了保健了。一如苦丁茶是个集合体，金花茶也是山茶科山茶属中一类植物的通称，我们通常见到的就有金花茶、凹脉金花茶、柠檬金花茶等。每年的七八月，在广西的乡间经常能看到席地晾晒的金黄色花朵，那些就是金花茶。

据说金花茶有抗菌、抗癌、降血脂等诸多功效。但是一如很多神奇的花草茶，这些效果都归因于其中的黄酮类、多糖类和皂苷类化学成分，而因为缺乏有效的临床实验数据，这些"好疗效"还挂着大大的问号。至于宣传中所说的氨基酸含量高，就更不值得追逐了。且不说一枚鸡蛋的氨基酸要比金花茶中的丰富得多，就算我们平常吃的蔬菜、豆腐也足以满足人体对氨基酸的需求了。

毋庸置疑的是，这样大规模的采集，已经严重影响了金花茶的自然繁殖和更新，几乎所有的金花茶属植物都处于濒危状态。与摘花相比，直接采挖是金花茶面临的更大威胁。金花茶，花如其名，金黄色的花瓣与其他山茶属植物的红白花朵形成了鲜明对比，所以在发现之后，就受到园艺界的推崇。正是这个特殊用途给这些美丽的植物带来了灾难。很多野生金花茶植株直接变成了盆景，被送往城市，囿于种植管理条件，这些被搬下山的精灵，多半会在短时间内香消玉殒。虽然各种培育方法都在紧锣密鼓地研发中，但是短时间内很难取得突破性进展。所以，只能呼吁那些爱美的园艺爱好者真的为我们的后代留下一份美丽吧。

喝茶总归是一件惬意的事情，不管是传统的茶，还是药草茶。只是后者多数效用未明、风险未知，与其赌一次偏方的疗效，还不如好好听听医生的建议，积极配合治疗。

核 桃

* 虽非"聪明果",营养还不错

在众多坚果之中,核桃无疑是个大明星,因为它们个头够大,味道够香,更重要的是老妈还会经常说:"多吃点,核桃补脑,能变更聪明哦。"于是,我们很听话地吃了核桃仁。不过,看着像脑子模样的核桃真的有这么神奇的能力吗?

不论核桃有没有这样的神奇能力,市场上的核桃品种越来越多了,有我们熟悉的圆圆的薄皮大核桃,还有长长的核桃,还有小小的不好剥皮的野核桃,它们长相差别这么大,真的就是一家子吗?

核桃家族大聚会

我们经常会碰见的大核桃,在植物学中的大名是胡桃,听起来有几

*核桃（*Juglans regia*），胡桃科，胡桃属。
果皮紧紧包裹种仁。

分异域风情。有很多历史学家认为核桃是当年张骞从西域带回来的。不过，在通过研究历史典籍以及核桃的遗传情况之后，我们已经能够确认核桃确确实实是中华大地土生土长的坚果。这种胡桃科胡桃属的植物实际上遍布整个亚洲的温带地区。当然了，与它们一起的，还有很多小伙伴。

如果去山区玩，我们会碰到一些"拉长版"的核桃，它们就是核桃楸了。虽然外表差别不大，但是内心就大不同了。核桃楸的种仁很小，还不如核桃种仁的一半大。也难怪，这样大小的种子已经可以储存足够多的能量，供给种子发育了。与其在一个种子中放太多，还不如分散开来，多造一些种子出来，把鸡蛋放在不同的篮子里才是保险的做法。要知道，和其他很多坚果一样，核桃楸在自然界都要依靠松鼠来传播。当然，松鼠不会白干活，它们要吃掉很多核桃楸的。所以，分开多份带来的好处，就是总有种子没被松鼠吃掉，幸存下来。所谓不能把所有的鸡蛋放在一个篮子里，核桃楸很明白这个道理。

山核桃不是变小的核桃，它们是胡桃科山核桃属的成员，算起来也是核桃的表兄弟。只是山核桃的个头就更小了，通常只有红枣那么大。并且山核桃的果皮就更硬了，紧紧地把种仁包住，所以，要想吃到可口的山核桃肉还真需要有点耐心。

核桃树上的毛毛虫

我们经常吃核桃，但是很少有人注意到核桃的花朵，难道核桃也是无花果吗？当然不是，春天的时候，核桃树上也会挂满毛毛虫，那就是它们的花了。有机会可以去亲手抖动一下这些毛毛虫，就会发现有很多黄色粉末抖落出来，那就是核桃的花粉了。

不过，这些毛毛虫不会变成大核桃，因为它们都是雄花，只能生产花粉。能变成核桃的雌花正趴在枝条上，等待花粉降临。虽然没有专门的昆虫搬运花粉，但是核桃的雌花一点都不着急，因为花粉实在是太多了，只要被风吹上来一两粒，就可以结出大核桃了。但是呢，核桃花的这种行为可是坑苦了好多有过敏性鼻炎的人，整天都在喷嚏声中度过。还好核桃开花时间很短。花谢之后四五个月，我们就可以看到新鲜的大核桃了。

让手变黑的青果皮

平常，我们见到的核桃都有个硬邦邦的外壳。其实，新鲜的核桃还都有一个绿色的外套，它们是核桃外果皮。这个绿外套可是多功能的，首先它们有很强的涩味，这是其中的单宁类物质引起的，没有熟透的柿子很涩也是这个原因。如果你强忍着把它们吃下去，结果还会影响到肠胃消化，于是单宁足以让很多动物望而却步。更有意思的是，它能够在偷吃核桃的人身上留下记号。

我还记得在童年时，跟着表哥们一起去爬树，摘青核桃。当然，这种行动是不能让父母知道的。于是在悄悄地溜到核桃林中，大快朵颐之后，忽然发现每个人的手指头都变黑了，任凭用多少水都冲洗不掉。回家自然逃脱不了父母的审问了。之所以有这么强大的染色能力，是因为核桃中含有很多醌类物质，另外，涩涩的单宁类物质还能促进染色，于是核桃皮就把我们的手掌染黑了。还好，父母除了嘱咐几句不要爬太高之外，也不会深究，因为他们深信，"吃核桃可以补脑子"。

核桃能让脑子更灵吗?

支持核桃补脑的人认为，核桃中含有大量的不饱和脂肪酸，特别是含有很多 Omega6 和 Omega3 脂肪酸。大家熟知的 DHA 就属于 Omega3 的一种。如果妈妈在怀孕期间多吃一些 Omega3 脂肪酸，对于宝宝大脑的发育也是有好处的。

只不过，要想让脑子好用、变得更聪明，那不管是核桃还是不饱和脂肪酸都无能为力了。那么，核桃中还有没有其他成分能让人变聪明呢？

每 100 克干核桃中，含有蛋白质 14.9 克，脂肪 58.8 克（吃核桃一多半是油脂啊。那种脆脆的感觉就是脂肪的功劳），钙 56 毫克，磷 294 毫克，锌 2.17 毫克，维生素 E 43 毫克。对了，还有 6.1 克碳水化合物。这样看来，核桃的营养成分还是比较全面的。

那么我们的大脑又需要补充什么营养物质呢？首先，大脑主要是蛋白质构成的，所以这个成分是不可缺少的，但是，人发育到一定程度之后，脑细胞数量就不可逆转地下降了，任凭再多核桃也无法挽回。其次，我们的大脑运转特别喜欢葡萄糖。有充足的葡萄糖，脑子才够灵光。另外，磷脂和锌也会影响大脑，特别是缺锌会影响人的记忆力。但是，并非锌越多，记忆力就越好，再多就中毒了。

总的来说，核桃还是能满足很多大脑的营养，但是这些营养在其他食物中也有很多，并非核桃独有。更重要的是，这些成分并不能像一些兴奋剂那样（有些还被称为聪明药）能短时间内改变大脑的活动状态。所以，能不能变聪明也只能是个未知数。

要想自己大脑发育得更好，还是通过不挑食的吃饭、加强大脑思维训练更可靠一些，完全把希望寄托在核桃身上，恐怕到头来只能是竹篮打水一场空。

秋 葵

第一次吃秋葵的感受，只能用奇异来形容。近似辣椒的外表，青草一样的滋味，脆滑的果皮，以及黏黏的汁液，都彰显了它自己独特的个性。不过，秋葵种子特殊的味道似乎跟我童年时吃的馒头花（蜀葵）的果子有几分相似，让我顿时起了疑心，难道这东西就是蜀葵的改良版？

如今，这种特别的小果子，被视为蔬菜中的新贵，受到众多食客的追捧。那么，这种混合了多种特性的"豆角"究竟有什么特别的营养，它又是来自何方呢？

老家在非洲

虽然秋葵也被叫作羊角豆，但是这种果实跟我们平常吃的豆子没有半点关系。实际上，秋葵同棉花的关系更为亲近，因为它们都是锦葵科植物。如果把这两种植物的花放在一起，我们就会发现它们的相似点——五片花瓣，所有的雄蕊都长在一个"柱子"上。只不过它们最终长成的果实模样不同罢了。

这样看来，秋葵种子的味道，当然与蜀葵的相近了，毕竟蜀葵也是锦葵科的植物。虽然这些植物以观花为主，但在它们的果还未完全成熟的时候，就可以拿来当小零食吃。那味道就像是软壳瓜子。

虽然有人认为，我国是秋葵的原产地之一，但是，众多的资料显示，秋葵的老家实际上在非洲的埃塞俄比亚。因为这一区域的地理环境相对封闭，所以在漫长的史前时期，秋葵都只是当地居民的小食而已。连临近的埃及都没有关于秋葵种植的文字记录。

实际上，秋葵的英文名字"Okra"，被认为是摩尔人和埃及人对秋葵的称呼。在公元7世纪时，阿拉伯帝国征服了埃及，同时带来了秋葵，以及"Okra"这个秋葵的阿拉伯语名字。于是，埃及成为秋葵通向全世界的跳板。

虽然秋葵是印度咖喱的标准配料之一，但是对印度来说，秋葵也是一种舶来品。在古印度语中完全找不到与秋葵有关的名字，并且在印度也没有发现相关的野生种类。秋葵到达印度的时间大致要追溯到基督教时期了。无论如何，印度人对那种黏腻的滋味钟爱有加，于是印度成为秋葵更为理想的家园。

与此同时，秋葵在17世纪随着黑暗的贩奴船来到了巴西，也随着法国厨师的炒锅进入了今天的美国路易斯安那，完成了对新世界的拓展。

黏黏的口感的秘密

秋葵区别于其他蔬菜的特质在很大程度上取决于特殊的黏腻口感。

*秋葵（*Abelmoschus esculentus*），锦葵科，秋葵属。　　*黄葵（*Abelmoschus moschatus*），锦葵科，秋葵属。
五片花瓣，所有的雄蕊都长在一个"柱子"上。

有朋友认为，这种特殊的黏液是蛋白质丰富的标识。但那种特有的黏腻口感，实际上是由一种叫多糖的物质决定的。所谓多糖，就是很多个葡萄糖连在一起组成的大分子物质。

我们对多糖并不陌生。清洗海带的时候，我们感受到的那种黏腻的感觉就是多糖在起作用了。实际上，淀粉也是一种多糖，只不过，淀粉可以被分解成葡萄糖，被我们身体利用，而秋葵和海带的多糖并不会被我们的消化道消化吸收。

虽然多糖类物质被认为有比较强的吸水性，被争相使用在了化妆品上，但是如果只是吃下去，这种吸水保水的功能就无从发挥了。等待它们的命运就是怎么进来再怎么出去。不过，在这个过程中倒是可以刺激消化道的蠕动。于是，多糖类物质也有一个被大家广为接受的名字——膳食纤维。对于用这些纤维"刷洗"一下肠道，我们倒是可以保有几分期望的。

秋葵黏液的特质倒是被精明的厨师利用了，作为一种特殊的配料，秋葵可以让汤显得更为黏稠。而如今，这种黏稠的特性又与现代食品工业取得了联系。我们说，秋葵的黏液无法被人体消化吸收，于是成为减肥食品的新宠。研究人员正在开发以秋葵多糖为主料的巧克力，就是用多糖替代了可可脂，虽然目前这种特殊巧克力的口感比真巧克力还稍显逊色，但是对广大爱美的女性朋友来说，倒也是慰藉嘴巴的一个好选择了吧。

秋葵营养价几何

当然了，除了多糖，秋葵中还含有不少其他营养物质。特别是以维生素 C 为代表的维生素类物质。每 100 克秋葵的嫩果中，含有 44 毫克的维生素 C，还有 0.2 毫克的维生素 B_1，以及 1.03 毫克的维生素 E，在享受特殊口感的同时，倒也是补充维生素不错的来源。

不过，如果只是专门从秋葵中获取维生素，那就有点得不偿失了。毕竟，大白菜中也富含维生素，每 100 克大白菜的维生素 C 含量可以达到 47 毫克。如果只是追求营养素含量的话，倒是吃大白菜更为可靠。

另外，秋葵的果实含有蛋白质 2.5 克，脂肪 0.1 克，跟其他蔬菜一样都是低脂肪、低蛋白的食物来源，对于想瘦身的朋友倒是不错的选择。但是，这并不代表说，秋葵可以称为减肥神器，毕竟，不摄入额外的热量对减肥更为有利。千万不要想在享受鸡鸭鱼肉的同时，还期望多吃的两根秋葵会为我们带来好身材。

至于秋葵的那些抗疲劳、增强免疫力之类的保健作用，我们姑且听之。因为，秋葵中含有的营养，别的蔬菜也都有，要论特殊功效，也不用在吃秋葵这条路上一条道走到黑。

另外，关于秋葵更神奇的说法是"植物伟哥"，虽然有些小鼠实验说明，吃秋葵可以提高精液产量，但是要注意的是精液产量跟"性福"还差好远。遗憾的是，到目前为止，还没有发现秋葵中有什么特殊物质可以作用于人类的激素系统，让男士们大展雄风大概也只是个以形补形的美好愿望罢了。

当然，秋葵的种子中咖啡因的含量高达 1%，基本上与一些咖啡豆中的含量相当，所以，具有一定的兴奋作用。从这个角度讲倒是对男士们的表现有所帮助吧。不过，这种含量要到秋葵完全成熟的时候再吃种子才能达到。我们吃的嫩秋葵果是没有兴奋作用的。

吃秋葵要趁鲜

不管怎么样，秋葵的口感是特殊的，味道是特别的，价格也是高昂的，能尽情地享受一顿美味还是人们的一大幸事。不过，秋葵的果子并不像豆角那么皮实，可以作为我们冰箱的常备菜，要想尝到秋葵的真滋味，还得趁新鲜。我们吃的秋葵，其实是这种植物的幼果。一般来说，在花谢后 4 ~ 6 天就采摘下来，送上市场了。如果不趁鲜食用，秋葵果很快就嚼不动了。

秋葵隶属的锦葵科家族，是个纤维极其发达的植物家族，想想为我们提供衣物的棉花，还有提供捆扎绳索的黄麻，都拥有独特的坚韧品质，但是这品质跑到果实上就有些尴尬了。坚韧的口感显然不是我们希望得到的。于是，我们需要在秋葵的纤维不甚发达的时候就把它们采摘下来送上餐桌。

但是问题并没有结束，采下来的秋葵依然在勤勤恳恳地合成纤维素。所以，即使采下来，幼果一样是会变硬的。要想阻止这种变硬的行为，只有一条路可以走，那就是低温保鲜，让秋葵合成纤维的速度慢下来。

不过，新的问题又出现了。秋葵是生活在热带地区的植物，所以，有个怕冷的毛病。就像香蕉放进冰箱会变黑一样，绝大多数来自热带的蔬果都无法享受普通冰箱冷藏的礼遇。如果非要把秋葵放进4℃的冰箱里，它们很快就会长"冻疮"，出现水渍一样的斑痕，如果任由冻伤发展，秋葵很快就会变成软烂的一摊垃圾了。如果实在是想保鲜，最好把秋葵储藏在9℃左右的环境中，这样能在最大程度上延长秋葵的可食用期，同时避免冻伤。

不管怎样，秋葵为我们的餐桌提供了不一样的亮色，为我们的舌尖提供了不一样的选择。在嚼着这些黑非洲来的"豆角"的时候，也许还能感受到一丝异域风情吧。和着这样的遐想把秋葵吞下肚，也是乐事一件。

植物学家的

私！藏

肉豆蔻

* 不想当药物的催情剂不是好香料

一日，同事们收到一盒来自马来西亚的果脯，大家在好奇心的驱使下迅速忽略了各种包装说明，直奔主题，还好这盒子里装的并非香料之类的东西。嚼下去一块白白的，硬硬的，形似桃子果肉的东西，好半天都咂吧不出这东西究竟是用什么做的。于是，翻来包装细细研究——这果脯的原料既不是冬瓜，也不是杏，与通常见到的水果好不搭边，原料表上赫然写着："肉豆蔻，柠檬酸，糖，食用香料。"竟然还是中文的！

不过，对于我这个典型的东方吃客来说，肉豆蔻和肉桂是同样神秘的香料（虽然它们都是东方产的），以至于在很长时间内都没有搞清楚这些调料究竟在什么地方出产，更不知道它们的真身是什么样子的。后来，

* 肉豆蔻（*Myristica fragrans*），肉豆蔻科，肉豆蔻属。
种子外面有一层红色网袜一样的假种皮。

为了解答众多植物圈好友的疑问，这才去查找了这种混迹在火锅调料里的植物。

不过，如果西方人不认识肉豆蔻的话，定会被笑掉大牙。这就好像一个中国人竟然不知道生姜是高贵的调味品一样。肉豆蔻对西方美食圈极其重要，从烤肉到南瓜派都需要这种调料的参与。甚至有人不惜用生命来体验暗藏其中的快感。

之所以有这两种截然不同的反应，还得从肉豆蔻的奇异旅程说起。

异域香料的西洋旅程

肉豆蔻不为国人熟悉，这一点儿都不奇怪，因为肉豆蔻本非中土之物。虽说在中国的记载可以追溯到唐朝的《本草拾遗》一书中，但肉豆蔻几乎一直蜗居于中药房的小格子中，很少为大众所熟悉。

肉豆蔻这种异域香料最早是由精明的阿拉伯商人带到了欧洲。中世纪，欧洲人对这种香料的渴求，一点不亚于今天国人对某种水果品牌的狂热。在当时，东方香料的味道既是异域风情的流露，也是餐桌上贵族身份的象征。

这种高大肉豆蔻科的植物，原产地只在香料群岛，这里曾经是西方商人眼中的天堂。肉豆蔻、丁香这些在西方餐桌上的金贵调料都出产于此。于是，自葡萄牙人于 16 世纪中叶发现了香料群岛之后，荷兰、英国先后卷入了争夺香料产地的大战。一切都是为了这些让人神魂颠倒的植物香料。

其实，肉豆蔻的精华并不是我们吃到的那层白色果肉，而是内心藏着的种子，以及套在种子外面的那层红色网袜一样的假种皮（干燥后会变成棕黄色）。以往，剥掉白色的果皮就被抛弃了，如今，又有了新吃法，就是用柠檬香精和大量的糖来腌渍这些果皮，结果就得到了极有韧性的蜜饯。于是，就有了本文开头大家分食肉豆蔻的那一幕。

不过，肉豆蔻的价格高昂并不单单是因为被抛弃的部分太多，而是因为有很多肉豆蔻是不会结果子的。这并不是因为园丁们偷懒，或者气候环境不佳，而是肉豆蔻树有雌雄之分，只有雌树能够结果，而雄树只有提供花粉的功能。更要命的是，在开花之前，我们完全无法区别幼苗是雌的，还是雄的。

目前，已经有园艺学家尝试用高空压条的扦插方法，来尽可能克隆出能结果的雌树。

催情圣品的风险

对于厨师而言，肉豆蔻的精华还是在于它们美丽的假种皮之上。肉豆蔻的假种皮可以起到刺激肠胃、增加食欲的效果，甚至能调动人体的循环系统，升高体温。

至于关联到男女之事，恐怕是因为肉豆蔻中含有的肉豆蔻醚有兴奋和致幻作用。要注意的是，这是一种有毒的物质，进食少量即可产生幻觉，并有超越实际的快乐感觉。不过，效用更大的还要属那粒真正的种子，因为其中的肉豆蔻醚含量更高。所以，从罗马时代开始，肉豆蔻种子就成了催情剂的核心原料。

另外，肉豆蔻醚还有抑制血管平滑肌收缩、扩张血管的作用，所以在一定程度上可以影响人体的血液供给，这也会影响到服用者的行为。

在 18 世纪的时候，欧洲的绅士们都会随身携带肉豆蔻以及研磨工具，随时准备奔赴香闺战场。只是，肉豆蔻的种子毒性不弱（小鼠实验中，半数致死剂量 LD50 为 7.67 克 / 千克体重）。如果人吃下两粒种子，就可能丧命。估计，因此"阵亡"在香闺之中的绅士恐怕不在少数。

至于肉豆蔻醚是否能真正影响到人类的性行为，目前还没有证据支持，催情圣品的名头，也并非实至名归。

中药店里的肠胃药

在我国，肉豆蔻的另类用途倒没有引起人们的注意，我们更关心的是它对人体健康的调节作用。当然肉豆蔻那层假种皮外套被药房先生忽略了，他们关心的都是肉豆蔻的种仁。长久以来，肉豆蔻都是以健胃药的形象出现的。在《本草便读》中有这样的记载，"煨熟又能实大肠，止泻痢"。也就是说，肉豆蔻的种子要经过煨这样的炮制才能使用，所谓"煨"就是将药材用不同的介质（比如面粉、麦麸、滑石粉等）包裹，缓慢加热。最终，煨制好的肉豆蔻被用来止泻了。

现代化学的分析和实验认为，甲基丁香酚和异甲基丁香酚是其中的有效成分。甲基丁香酚具有抑制平滑肌活动的作用，从而达到止泻的效果。特别需要提到的是，在炮制过程中，肉豆蔻醚的数量会有明显下降，而甲基丁香酚的含量则会上升，炮制过程在一定程度上降低了毒性，提高了药效。

与此同时，肉豆蔻的种仁中含有一定量的鞣酸，并且在加工过程中可以不受加热影响，对于止泻也有帮助。

当然要提醒大家的是，肉豆蔻毕竟不是纯的药剂制品，其中的复杂成分会产生让人无法预测的副作用。所以，即便我们知道肉豆蔻种子有止泻的作用，还是应该听从医生的指导安排，切勿自开药方，擅自用药。

豆蔻名号大乱斗

除了肉豆蔻，我们经常还会听到草豆蔻、白豆蔻、小豆蔻等一干名字。

虽然同名豆蔻，但是草豆蔻、白豆蔻、小豆蔻与肉豆蔻完全不是一种之物。前三者是典型的姜科植物，两唇形的花朵是这些植物的特征。

关于草豆蔻最出名的大概就是"豆蔻年华"这个词，据说是因为豆蔻2月开花，8月结果，暗合妙龄少女的"二八年华"而来。实际上豆蔻的开花时间多在4月，而结果多在7月，这二八之数是否因草豆蔻而起，还值得推敲。不管怎样，草豆蔻果子都变成了灰褐色的小圆球，经常出没于卤肉调料和火锅调料之中。

与肉豆蔻特殊的肉豆蔻醚不同，草豆蔻的特有成分是其中的桉叶油素和 α-蒎烯多点，这些成分让草豆蔻有了自己独特的辛香味儿。

除了增加一些特殊的辛香之气外，草豆蔻还可以促进我们的肠胃蠕动，增进我们的食欲。香料的使命不就是让餐桌变得富有激情和活力吗？

至于白豆蔻，则是同属姜科植物的果实，这种植物的原产地在越南和柬埔寨，成熟的果实是有白色或者淡黄色的果皮，所以有白蔻之称。白豆蔻也一样有姜科植物特有的香气，通常是当作芳香健胃剂使用。当然，客串一下餐桌调料也是免不了的。

至于小豆蔻（*Cardamom*），更是金贵，被认为是与番红花和香荚兰齐名的昂贵香料。不过这并不是一种植物，而是分属于姜科小豆蔻属（*Elettaria*）和豆蔻属（*Amomum*）一系列植物种子的通称，三棱形的籽粒从不同的果子中被收集送上餐桌。小豆蔻种子可以用来调制阿拉伯小豆蔻咖啡，也算是豆蔻家族的特别用法吧。

∞ 美食锦囊

吃定假种皮

假种皮，顾名思义就是类似种皮但又不是种皮的结构。这层结构通常包裹在真正的种子之外，发挥保护种子以及促进种子传播的作用。毕竟，很多假种皮的滋味都不错，能够吸引动物采食，那些稀里糊涂被吞下肚的种子就能随着动物远走高飞，最终随大便从动物体内排出，在新的地方生根发芽了。我们常吃的水果中，有不少就是专门吃假种皮的，比如荔枝、山竹和红毛丹。特别有意思的是，成熟苦瓜的红色假种皮也是甜的，有兴趣的朋友可以找来尝尝。∞

薄 荷

* 清凉家族的混乱事儿

绝大多数人接触薄荷都是从牙膏开始的，刷牙的时候，一股冰冰凉凉的感觉就会在嘴里弥漫开来，伴随而来的是一种牙膏特有的气味儿。虽然有时伴着草莓、柠檬、哈密瓜的掩饰，但那种凉凉的、清新的牙膏味儿仍旧能穿透我们的神经。

第一次吃薄荷还是在云南，那些皱巴巴的叶子大批量地出现在各种牛羊肉菜肴里面，出现在米线里面，出现在正餐前的凉菜里面，出现在火锅的蘸料里面，甚至出现在瓶装水里面。没错，薄荷味儿的瓶装水，几瓶下去，我肚子就已经在抗议了。奇怪的是，后来竟然爱上了这种特别的味道。摘几片薄荷叶子，拿精盐陈醋一拌，就已经是一道至味。

有一天，我忽然发现天天吃的薄荷并不是真正的薄荷，而是一种叫皱叶留兰香的家伙。那么真正的薄荷又出现在什么地方，它们都适合搭配什么菜肴呢？

正宗的薄荷不入菜

说实在的，薄荷属是一个小家族，全属大约有 30 种。但是这个家族的成员关系却极度混乱，因为它们似乎不同种之间都可以发生杂交关系，于是产生的各种栽培品种让这个家族显得混乱不堪。再加上相似的气味儿和形态，更是让薄荷家族的分类变得一团糟。

比如植物志上记录的薄荷，其实并不是我们常见的薄荷。皱叶留兰香和胡椒薄荷才是出场频率最高的家伙，它们不论是从形象上，还是味道上，其实都跟真正的薄荷有一定差别。

与经常在云南菜馆出现的皱叶留兰香相比，薄荷的叶子显得更为瘦长，同时因为没有太多的褶皱，所以也显得纤细一些。还有一点特别需要注意，薄荷的花朵都开在叶腋，而不在植株顶端聚成穗状。这是薄荷、留兰香和皱叶留兰香的标志性区别。但遗憾的是，我们很少能看见它们开花，因为在开花之前就都被采摘了。

虽然薄荷也是可以作为新鲜蔬菜食用的，但是，它们的主要用途通常是用于制造薄荷油。新鲜茎叶含油量为 0.8% ~ 1.0%，干品含油量为 1.3% ~ 2.0%。薄荷原油的主要用途是提取薄荷脑。提取出的薄荷脑会被添加到糖果饮料、牙膏、牙粉之中，那些让我们感觉到清凉的药剂也有薄荷脑的成分。提取薄荷脑之后的油，被称为薄荷素油，牙膏、牙粉、漱口剂、喷雾香精及医药制品中的薄荷清凉就靠它们了。

* 薄荷（*Mentha haplocalyx*），唇形科，薄荷属。
花朵都开在叶腋。

薄荷的清凉味儿

薄荷可以说是一种爱者极爱、恶者极恶的香草，不喜欢的人总是这么来评价的，"不就是牙膏味的叶子，有什么好吃的"。好吧，有人就喜欢这种清凉的牙膏味儿，这种味儿的来源就是其中的薄荷醇。薄荷醇之所以让我们有冰凉的感觉，并不是因为它们能吸收热量，降低周围的温度（要不信，可以用温度计测测牙膏溶液的温度变化）。

让我们感受到清凉，不过是薄荷醇的一个小把戏而已。我们之所以可以感受到低温寒冷，全都仰仗于皮肤和口腔中的寒冷感受器——那是一种叫作 TRPM8 的神经受体。

实际上，TRPM8 受体还有另外一个表明身份的名字——"寒冷与薄荷醇受体 1"。从这个名字我们就可以看出，它最主要的功能就是接收寒冷的温度刺激和薄荷醇的刺激，让机体产生冷的感觉。顺便说一句，辣椒带给我们火辣辣的感觉，也不是因为辣椒带来了高温，而是辣椒中的辣椒素在刺激相应的神经受体，让我们体验到像被开水烫到一样的感觉。

除了让我们感受到清凉，薄荷醇还有促进毛细血管扩张、抗炎镇痛的作用，不仅如此，薄荷醇还能帮助一些药物成分更好地进入我们的皮肤。所以在一些止痒镇痛的药膏中，我们也能发现薄荷醇（薄荷脑）的身影。

留兰香兄弟（Mentha crispata）

相对于味道很冲的薄荷，皱叶留兰香才是国内餐桌上的主力。不过，皱叶留兰香的老家是在欧洲。欧洲人似乎并不青睐这种薄荷，于是它们漂洋过海来到中土生根发芽。我最早亲密接触这种薄荷还是在昆明，在当地这种香草的地位甚至可以替代香菜（芫荽），牛肉汤、炸干巴、炸排骨、薄荷鸡蛋汤里都少不了皱叶留兰香。

当然，这种薄荷也可以说是辨识度极高的薄荷，叶片有很多褶皱，有肉肉的感觉，薄荷味儿也相当强烈，与荤菜搭配确实很合适。另外透露一个小技巧，用这种薄荷同幼嫩的豌豆尖煮汤，会有意想不到的惊喜。

皱叶留兰香也是我们经常在花卉市场上碰到的薄荷，因为它们实在太好养活了，只要有点土（最好肥料足），保持土壤湿润，保持阳光充足，这些植物就能贡献大量新鲜叶片！

作为皱叶留兰香的兄弟，留兰香也叫绿薄荷。跟皱叶留兰香比，叶片上少了很多褶皱。这种薄荷的味道比较特别，并不像胡椒薄荷那么有薄荷味儿，因为这种薄荷中的薄荷醇含量要远低于胡椒薄荷。

与此同时，绿薄荷那种特殊的芳香味儿更多地来自香芹酮，以及柠檬烯和 1,8- 桉树脑。不用记住这些烦人的词汇了，总之我们知道绿薄荷的精油经常出现在洗发水和肥皂里就好了。绿薄荷在食品中的出场次数不多，大多是跟茶饮有关，提供特殊的风味儿。摩洛哥代表性的饮料薄荷茶就是用绿薄荷制成的。

胡椒味儿和苹果味儿

卡尔·林奈曾经把胡椒薄荷定为一个物种，但是现在研究人员都认为这种薄荷是水薄荷和绿薄荷的杂交后代。胡椒薄荷当然有胡椒味儿了，这是因为其中的石竹烯和 β - 蒎烯，以及柠檬烯，让胡椒薄荷有了自身特别的气味儿。

当然，最多的挥发性物质仍旧是薄荷醇类，特别是乙酸薄荷酯的含量甚高。胡椒薄荷很早就是西方厨房中的重要香料，不管是薄荷茶、冰激凌，还是在糕饼里都能提供特殊的风味儿。口香糖和牙膏更是少不了它们的参与。

苹果薄荷，有时也叫毛茸薄荷（Woolly mint，看着就是毛茸茸的）、香薄荷。这种薄荷原产于欧洲西部和地中海西部。苹果薄荷的叶子可以用来制作果冻，还可以用作薄荷茶、装饰物或者添加到沙拉中。另外，苹果薄荷还有一个变种被称为凤梨薄荷，特征是叶子边缘是白色的，还能为甜品增添一些特殊的感觉。

除了上面这些常见薄荷，还有一种藏在庭院里的薄荷植物——科西嘉薄荷。这种薄荷分布于科西嘉岛、撒丁岛、法国和意大利。通常被当作地被植物使用，因为，当人们踩踏这种植物的时候，它们会放出一股浓郁的薄荷气味。不过，不用担心，这种薄荷很耐踩踏，所以经常被种植在道路之上。不过科西嘉薄荷对湿度比较敏感，它们喜欢在阴湿的条件下生长，但是又不能过于潮湿，否则会引起叶片腐烂。

这种植物通常也被当作香料添加到菜肴之中，同时也是甜薄荷酒的重要原料。吃和踩凑一对，感觉还挺奇妙的。人的口味儿就是这么奇妙，而这些牙膏味儿的香草还会在我们的餐桌上活跃很久。

∞ 美食锦囊

越摘越多的薄荷

其实要想随时体验薄荷的清凉味儿也不难，在阳台上种上一盆，不仅能看到浓浓的绿意，还可以来杯薄荷柠檬茶，给清炖的牛肉汤里添点不一样的味道。那些被掐了尖的薄荷不会一蹶不振，反而更加茂盛起来。去掉了一个顶芽，又会有两三个侧芽从下面的茎秆上冒出来。其实，这就是因为侧芽一直受到顶芽"欺压"。后者分泌的激素（生长素，高浓度的生长素却会抑制生长）会抑制前者生长，一旦顶芽被掐掉，对侧芽的抑制也就解除了，侧芽自然会疯长了。

薄荷的繁殖方式非常有趣，不用开花，不用结果，当它们的枝条伸长的时候，只要把这些枝条压在土里，就能长出新的植株了。这就是我们通常所说的克隆繁殖。虽然动物的克隆依然神秘，但植物的克隆生长早就存在上亿年了。∞

冰 草

*冰叶日中花的前世今生

　　人类是个好奇的物种，我们喜欢新鲜的食物、新鲜的感觉，餐桌上的菜肴当然也不例外。我第一次见到冰草的时候，就有一种特有的惊喜感。菠菜模样的叶子外面包裹着一层薄冰，在灯光的照射下，那层薄冰显得晶莹剔透，放到嘴巴里面并没有冰凉的感觉，只有一点淡淡的咸味儿和类似菠菜的特殊味道。带着新奇的外貌和特殊的口感而来，冰草的身价自然不低，到目前为止也大多出现在高档餐厅的餐盘之中，菜市场上倒是鲜见。

　　那么这种特殊的食材究竟从何而来？那层包裹的"冰晶"究竟是什么东西？它们的营养又能不能衬上它们高昂的售价呢？

*心叶日中花（ *Mesembryanthemum cordifolium* ），番杏科，日中花属。
菠菜模样的"穿心莲"。

冰草对撞穿心莲

要说冰草就不得不提到跟它关系亲近的另一种新奇蔬菜——"穿心莲"。它们有拉长的心形叶子，厚实的口感，以及类似于冰草的味道。不过，与冰草不同的是，这种"穿心莲"已经广泛出现在超市和菜市场中，价格也算是亲民了。不过，大家要注意的是，这种穿心莲并不是我们传统药物里面使用的穿心莲。传统药物中的穿心莲从来不出现在餐桌之上，再者它们的花朵更像是一个张开的小嘴巴，而我们在菜市场买到的穿心莲的花朵则更类似菊花的模样。这种"穿心莲"的真名是心叶日中花。

而冰草也是一种日中花，它的大名叫冰叶日中花。这两种日中花其实都是番杏科日中花属的植物，它们确实是漂洋过海而来的西洋蔬菜，它们的老家都在非洲。当然，在西奈半岛和欧洲的部分区域也有冰草的分布。海滨、滩涂、盐碱地都是它们理想的生活区域。

不过，在很长时间以来，冰草都是以观赏植物和传统草药的身份出现在我们面前，真正成为大众喜好的食物，也是最近这十几年的事情了。我们不得不说，相对于"假穿心莲"（心叶日中花），冰草（冰叶日中花）在卖相上是占有优势的，它们挂着薄冰的样子就让人有品尝的冲动。那么这层薄冰究竟是如何形成的呢？

冰晶里面包盐水

显而易见，这层冰并不是冰，也不是盐霜，而是一些特殊的泡状细胞。当我们咀嚼冰草的时候，会感觉到小泡泡的破裂，汁水溢出。这才是冰层的真相。当然，这些小泡泡不是冰草们随意长出来的，它们有很重要的功能，那就是存水和"吐"盐。

我们在上面说了，冰叶日中花的原产地都是盐碱环境，这迫使这些植物要做出一些应对措施。对植物来说，盐多了可不是好事儿。举个最简单的例子，我们凉拌青笋丝的时候，把盐洒在切得很细的莴笋丝之上，很快就会发现莴笋丝里面的水被"吸"了出来，这就是水的特性，喜欢往浓度高的溶液里面跑。这也是腌咸菜的时候，芥菜疙瘩和大萝卜会缩成一小团的原因。

我们可以想象一下，像冰叶日中花这样生活在盐碱地中的植物，就像被放在泡菜缸里面，如果不想被盐碱地抽干水分，又需要从盐碱地里获取水分和矿物质营养，那就只能提高自身盐分的浓度了。但是问题来了，植物体内的盐分浓度不是想高就能高起来的。如果无限制地增加体内的盐浓度，正常的生命运转就会受到影响，这是植物不愿意看到的事情。还有一个做法就是在体内多存水。

另外，从盐碱地里获取一点水分都是不容易的事情，所以冰草会尽可能地收集和储藏水分。叶片上这些闪亮的泡状细胞就是为存水而存在的。一个个小水泡聚拢在一起，通过反射和折射光线就让我们有了冰的感觉。但是咬开这些小泡泡的时候，我能感觉到水流出，并且有微微的咸味儿，似乎是多余出来的盐分，这也是植物保护自身的一种方法。

营养几何？

那么获得这些特殊技能的冰草是不是更有营养呢？要想解释清楚这个问题，我们先得来明确，我们吃蔬菜究竟是为了得到些什么。我们经常说多吃蔬菜可以利于健康，这个词过于笼统，让人摸不着边际。我们不妨来明确一下蔬菜能提供给我们的营养。

首先是水分，毋庸置疑绝大多数蔬菜的主要成分都是水，也是我们补充水分的良好途径，毕竟对很多人来说，多吃点黄瓜比硬灌白开水要容易多了。其次是维生素和纤维素，蔬菜，特别是新鲜蔬菜中的众多维生素（比如维生素 C）是维护人体正常运转的重要物质；至于纤维素，对于刺激肠胃蠕动、维护肠道菌群和谐是有重要作用的。剩下的就是一些矿物质了，像钙、铁、锌这样的矿物质元素也是蔬菜可以提供的，但这就不是蔬菜的强项了。

好，我们再来看冰草能够带给我们的好处。在诸多宣传中，都号称冰草融合了多种蔬菜的营养，可以提供丰富的氨基酸、维生素和矿物质。但是这样的营养构成难道不应该是蔬菜的本分吗？并且到目前为止，我们仍然很难检索到具体的营养构成，因为这种蔬菜本身也不是大宗贸易和食用的蔬菜。

值得注意的是，有研究认为冰草中富含以松醇为代表的多元醇，这些物质有刺激胰岛素的能力，能降低血糖，能促进肌酸的吸收。并且在高盐生长环境下的冰草，多元醇的含量会有很大幅度的提升。如果这种功能得到验证的话，倒可以算是冰草的特殊功能了。

但是，就我们目前掌握的资料来看，冰草的营养与高昂的售价并不相称。尝鲜没问题，但是要当保健品天天吃就没有必要了。

生命力强的蔬菜更利于健康吗？

今天，对于新品种蔬菜的推广早已超出了营养和美味的概念。我们更希望吃到嘴里的东西都是有附加技能的，最好能让机体焕然一新。那些生长在艰苦环境下的植物就成了代言首选。通常的由头是："你想，人家在那么艰苦的环境下都能活下来，能没有点特殊能力吗？我们吃下去能没有好处？"您还别说，还真没有。

自然界有自己的运行法则，每种生物都有自己的生存方式。比如高山植物为了应对寒冷会积累更多的糖；而盐碱地的植物会提高体内的矿物含量；泡在滩涂的红树林还有专门用于呼吸的根系。这一切都是生物对环境的适应，但这不等于我们吃下这些植物就能获得它们的超能力。

我们在上面已经说了，人从蔬菜中获取的主要营养就是水、维生素、纤维素和矿物质。除此之外的成分，大多数情况下是噱头大于实质了。千万不要把希望寄托在某种神奇的食物身上。

现代人的问题在于不是吃得太少，而是吃得太多了。我们都希望通过一种神奇的食物把吃多带来的问题吃回去，但这种想法无异于缘木求鱼。冰草也好，日中花也罢，都可以成为我们饮食的一部分，但绝对不是灵丹妙药。正常多样化的饮食，才是保证营养供给和机体健康的有效途径！

∞ 美食锦囊

为什么大多数蔬果没有咸盐味儿？

原因很简单，因为对植物来说钠不是生命活动所需的元素。我们感受到的食盐的咸味儿是氯化钠的味道，准确说应该是钠离子和氯离子配合形成的味道。但是植物身体中恰恰缺少钠这种元素，所以我们在水果和蔬菜中是很少会碰到咸味儿的。∞

肉桂和桂花

* 月球香草研究报告

小时候，奶奶经常给我讲的故事就是月亮上的那棵树、那只兔子和那个砍树的人。其实，在我认真审视月亮之前，阿姆斯特朗及诸多登月先驱就记录了足够多的月球景象。这些资料很严肃地表明，月球就是个不毛之地。不过，我们依旧愿意相信月球上面有个广寒宫，广寒宫里有棵月桂树，月桂树下有个人叫吴刚，吴刚在不停地砍大树。这大概是我们的玉兔探测器选择在虹湾登陆的一大原因吧。毕竟，我们每个人都对这个美丽的传说有着深刻记忆，探测器的设计人员们恐怕也不能免俗。也许，我们都想看看月桂树的真实模样。

后来，我才知道举凡沾了桂字的植物，很多都以香料的身份出现在我们的生活之中，不管是月桂、肉桂还是四季桂。听着这些好吃的香料，

*桂花（*Osmanthus fragrans*），木樨科，木樨属。

*肉桂（*Cinnamomum cassia*），樟科，樟属。

东西方甜品滋味的大碰撞。

顿时觉得月亮也变成了一大块白巧克力。据说，每年中秋过后的那一天，会有一片月桂树叶飘落到地球上，那片玛瑙般的叶子价值连城，只是从来没有人捡到。我时常在想，这片被捡到的叶子会混在炖肉里面，还是掺在甜点之内呢？

吴刚砍的是什么树

想要查清楚月桂树的身份，我们有必要先调查吴刚的工作记录，这个月球伐木工可是兢兢业业地砍了成千上万年，他必然是最了解这棵大树的人。在无法采访到吴刚本人的情况下，我们只能从流传于民间的工作记录，大致归纳出月桂树的几个要点。

首先，吴刚只有一个工作目标，在某种程度上足以证明月球环境的荒凉。从另一个方面来说，如果这个是王母设计的酷刑，那为什么不是一片林子呢。所以，我们能得出的结论就是这树对环境不挑不拣，也许王母搞出来一大片树林，结果就幸存了这棵月桂大树，足见其生命力顽强。

不过，在没有竞争的条件下（不明白在月球上还竞争什么），这棵月桂树的个头超过了500丈，也就是1500米，相当于迪拜塔高度的2倍，后者可是有160层呢。所以，这棵大树的个头还要高，绝不能是长成花丛的灌木。于是，玉树临风一定是月桂树的标准特征。

另外，这个月桂树很难砍，恢复能力很强。只要砍开之后，伤口很快就能愈合，于是吴刚砍了万年之后，这棵月桂树依然完好如初，吴刚得道升仙的愿望自然不能实现。不过植物不是橡皮泥，也不是记忆合金，不能在肆意破坏之后随便捏一捏，浇点热水就能回复原貌。但是恢复能力强的大树在地球上倒是比比皆是。在考察完这些线索之后，我们就可以在地球植物中进行筛选比对了。

来自地中海的月桂香叶

地球上确实有一种与月桂同名同姓的植物，不过，这种植物并非是中国土生土长的植物。这种樟科植物的老家在地中海。地球上的月桂树也是很出名的树，早在古希腊时期，月桂的枝条就被编成头冠，戴在体育比赛冠军的头上。指代冠军的桂冠一词也因此而生，只是后来桂冠的材料变成了象征和平的橄榄枝。

虽然月桂树不经常出现在中国的大街上，但是月桂的叶子却经常出现在中餐中，它们的名字叫香叶。不管是红烧、卤肉，还是四川火锅都少不了这味调料。香叶中含有芳樟醇和丁香油酚，所以香叶有一种强烈的混合着花香和木质香的特殊风味。但是，这种香却不是多多益善，香叶味道太浓烈了，炖肉的时候一锅放一片足矣。千万不要贪多，否则肉汤就变成月桂汤了。对此我深有体会，某日在家炖牛肉，翻出了储藏已久的月桂叶，闻上去已经没有什么味道，于是多加了几片，结果整锅肉汤都弥漫着浓浓的木质香味儿，而汤头里也是淡淡的苦味，根本就尝不出牛肉的鲜甜。

虽然月桂树也能长成挺拔的大树，但是栽培的月桂树通常只供应叶片，并没有被砍伐之虞，并且是远渡重洋而来的树种。想来在吴刚开始砍树的时候，它们都还在地中海晒太阳，于是这个名叫月桂的植物，不大可能是广寒宫的树种。

吃树皮的肉桂

比较而言，与月桂同属樟科的肉桂倒是更符合目标特征。这种树生来就是要被砍的，当然了，并不是为了它们的木材，而是需要它们的树皮——桂皮。在咖啡和西式糕点中，我们经常会尝到一种与茴香大料类似却又更香甜的味道，那就是肉桂的贡献了。因为，肉桂中含有的桂皮醛跟脂肪和蛋白质是绝配，所以不管是做蛋糕或者炖肉都是非常好的调味品。肉桂很早就成为我们熟悉的五香粉中的五香之一。与此同时，肉桂的香料价值很早就被西方人发现了，所以他们不远万里，穿越印度洋来亚洲寻找这种神奇的香料。

在中餐中，桂皮经常会被大段大段地加在卤汤之中，那种特殊的味道需要长时间的炖煮才能释放出来，不过这种缓慢的释放正符合国人内敛的性情。而张扬的西方人会把桂皮磨细，撒在烤肉的表面，或者拌在咖啡之中。我第一次喝肉桂咖啡的时候，着实被那股茴香味吓了一跳，还以为吧台碰翻了调料瓶，习惯了肉桂的滋味之后，就能在其中品出一股不一样的温暖。

广义上说，肉桂是樟科樟属天竺桂、阴香、细叶香桂、肉桂或川桂等植物的通用名，因为它们的树皮都被叫作桂皮。而狭义上的肉桂，就是中国土生土长的肉桂，肉桂的树皮要比其他仿冒树皮的味道来得更浓烈，同时也带有特殊的苦味，同时肉桂的树皮可以厚达 13 毫米！不过，对同一段树枝来说，树皮是不可再生的，所以采收桂皮时都会把树干砍倒，剥下上面的树皮，再经过挑选，烘干就成了蛋卷模样的商品桂皮。

有人会说，这些剥了皮的树难道就被抛弃了吗，获取香料是多么野蛮的事情！其实完全不用担心，因为肉桂树的萌发能力很强，只要不伤及根系，加上良好的除草追肥，很快就会有新的枝干蓬勃而出。用不了几年，就能再次采收桂皮了。只是这样一来，肉桂树想长高都很难了，虽然这种树也可以长到 20 多米，玉树临风。

综合上述特征，肉桂倒是更接近于吴刚砍的那棵树，不仅耐砍，树皮厚，生存能力强，而且深得中西方的认可，更是土生土长的中土植物，这大概就是跟广寒宫那棵树最接近的一棵树吧。

甜品王者桂花

可以想见，必然有很多同学不认可肉桂种在广寒宫的说法，因为在他们心目中，开着馨香花朵的桂花，才是广寒宫的象征。虽然肉桂和月桂也会开花，但是它们的花朵和果子辛辣有余而香甜不足。相较之下，柔和的桂花更容易与柔美的月光联系起来吧。加之桂花大多是在中秋时节开放，无形之中又与月亮多了一份联系。我也时常在想，中秋节的月亮就像是个桂花馅儿的大月饼。

说起来，桂花跟上述的两种树相差真的很大，这种大名叫木樨的木樨科植物跟炖肉再无关系。虽然桂花树也可以长到 18 米高，但是大部分桂花树只是以低矮的身姿为大家奉上甜香气。虽然桂花的花朵只有绿豆般大小，但是一点都不影响它们释放出浓浓的甜味，只要有一株桂花在开放，百步之内都能闻到它们特殊的香气。那就是混合了顺式罗勒烯和紫罗酮等香气物质的香甜味。这些带着特殊香味的花朵出现在了桂花糕、桂花糯米藕等甜品之中，堪称中式甜品的画龙点睛之笔。

桂花盛开之时，把盛开的桂花都采来，拣去杂物之后，泡进浓浓的糖汁之中，熬成一罐香甜兼备的桂花糖。待冬天到来，藕已变得粉糯，把糯米细心地塞进藕孔之中，上锅蒸至软糯，切片装盘，淋上备好的桂花糖浆，一盘经典的甜点就完工了，莲藕的粉、糯米的黏、桂花的香、蜜糖的甜混合在一起，对嘴巴肠胃都是极好的安抚。

只是在北方要吃到正宗的桂花糯米藕着实不易，桂花树虽是我国土生土长的植物，但是一直偏居于江南。这些植物太不耐寒了，冬天的冰霜，可以轻易将它们冻成光杆。很难想象，这种怕冷的植物如何在清冷的广寒宫中生存下来。并且它们纤细的枝条估计挨不了吴刚的斧头。

想来，这些香甜的花朵还是出现在月饼里更为合适。

虽然吴刚伐桂横竖都是缥缈的故事，但是月兔捣的长生药却有实现的可能，我们已经初步认识到包括人类在内的生物的衰老机理，一批像组蛋白去乙酰化酶、雷帕霉素这样的药物，已经显露出长生不老药的潜质。当然了，在月球上建设基地，种植植物也并非虚无的幻想。

也许在不久的将来，我们就能带着长生不老药，把月桂树种在月球表面。到那时，我们真能吃着月饼，和玉兔一起赏着月亮上的桂花树了。

芥 末

* 种子与根的大混战

调料都有各自的情感，有的可以让满足感从心底涌起，比如亲爱的蜜糖；有的可以让我们的精神为之一振，辣椒功不可没；当然也有的可以让我们泪流满面，那就是芥末。我还依稀记得小时候吃芥末的情形，当一条饱蘸着芥末的粉皮顺着喉咙滑下，一种浓重的刺激感直冲鼻腔，如同压缩空气管直接插在鼻腔，随后眼眶中酸爽换来了滴滴泪珠，就此放弃？怎么可能！我们再来一条！

芥末辛辣味儿的调料是很多菜肴必不可少的担当，想象一下，如果芥末墩里只有白菜，寿司里只有醋饭和鱼生，东北大拉皮里缺了芥末油，这些菜肴就都缺了灵魂。不过，芥末墩里是黄的，寿司里是绿的，大拉皮里的干脆变成了油状物，难道这芥末是有变色龙技能的变形金刚不成？

事情没有这么简单，我们吃的芥末真的不是一个东西，它们或者是籽粒，或是植物的根茎，只是因为它们都有共同的能力，那就是让我们泪流满面！那么这些芥末的真身究竟是什么样子的？它们又为何能让我们泪流满面呢？

芥末墩里的黄芥末

第一次吃芥末墩就被这种卖相特别的菜肴征服了，摆得整整齐齐的黄芽白菜上淋着浓浓的黄色芥末，扒拉一片白菜下来，混着芥末酱一口咬下。白菜的鲜甜加上芥末的辛辣刺激，让两种极端的味道在嘴巴和鼻子里面翻腾，冬天伴着二锅头吃，更是别有韵味儿。实际上，芥末和白菜还真是同宗同源，它们都有一个共同的祖先——芸薹。只不过在后来的日子里，白菜的芸薹祖先一直独自前行，从芸薹变成了薹（近似于油菜），再从薹变成了菘（近似于乌塌菜），再从菘变成了牛肚菘，进而出现了今天的包心大白菜。芥末的芸薹祖先也不甘寂寞，与野生的黑芥高调结合，于是繁衍出了庞大的芥菜家族，至于我们吃的芥末墩上的黄芥末就在其中，那其实是芥菜种子磨制而成的酱料，这才是芥末的本源。小小的白色芥菜籽儿竟然有翻动世界的力量。

这样说，可能大家会感觉芥末的历史好短，实际上不管是东方还是西方都有悠久的食用黄芥末的历史。芥菜有着悠久的种植历史，在春秋时期人们就收集种子来制作芥末了。在《礼记》中有这样的描述——"芥酱鱼脍"，"脍，春用葱，秋用芥"。注意！这个时候我们的祖先可是用黄芥末来搭配生鱼片来吃的。

在同一时期的古罗马，芥末也开始传播和盛行。据说在罗马，人们是从"芥末葡萄汁"（burning must）来认识这种植物的，那是多么奇异

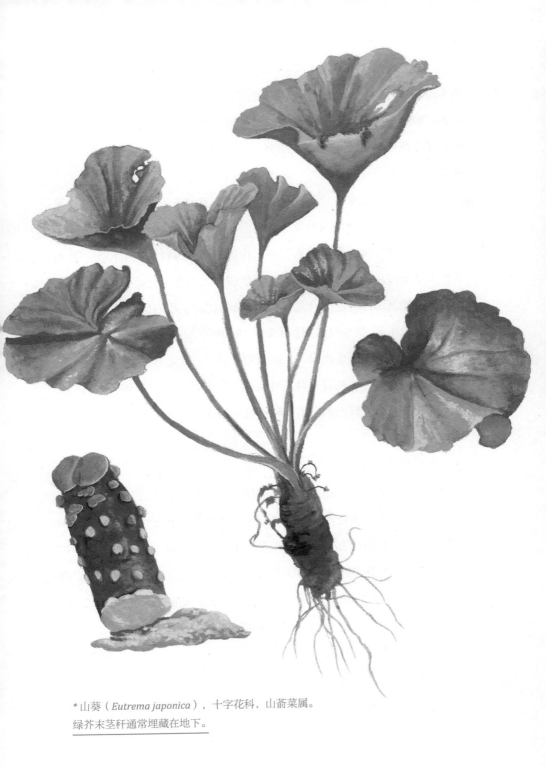

*山葵（*Eutrema japonica*），十字花科，山萮菜属。
绿芥末茎秆通常埋藏在地下。

的味道。不过这不妨碍罗马人对芥末的执着，他们还会把芥菜籽与黑胡椒、茴香、莳萝等香料混合在一起做成烤野猪的酱汁。但很少像我们中国人用得那么纯粹。从公元 10 世纪开始，黄芥末才走出罗马，走向高卢，直到在整个欧洲分枝散叶。

在我国，芥菜家族可是要风光得多。除了种子，它们的叶、茎、根都成了人们改良和食用的对象。叶用的芥菜有个更广为熟知的名字：雪里蕻。由于其叶宽大纤维丰富，是制作腌菜的好原料，梅菜扣肉中的梅菜和雪菜肉丝中的雪菜，其实都是雪里蕻了。以茎为食的芥菜，它的茎长出不少脆而多汁的疙瘩，经过切条、腌制，就成了我们佐餐常用的榨菜。有名的涪陵榨菜，就是以茎用芥菜制作的。此外，还有一类根膨大的芥菜，我们看到的深红色的玫瑰酱菜，就是用这种"芥菜疙瘩"腌制的。

但是，这种传统的芥末刺激性太强了，并不符合很多年轻人的口味儿，所以很多小清新们倒向了一种更温和的芥末——山葵（wasabi）。

寿司里的山葵

第一次吃寿司，大概是十五年前的事情，那时竟然还预先做了很多功课。比如要不要蘸酱油，要不要用手，要不要动筷子，等等。等寿司端上来，发现旁边还有一小团绿色土豆泥一样的东西，兴冲冲地挑一筷子尝尝，同样的芥末味儿，同样的泪如雨下！不过这种芥末显然要温和许多，其中还透着微微的甜味儿，这可不是用芥菜幼苗捣碎而成的绿芥末，它们的真身是山葵——大名山萮菜的调味料。

我一直觉得山葵的真身就像是棵大莴笋，只不过，这"莴笋"显得苍老了许多，更像是老树根和莴笋的合体产物。不过我们吃的山葵还真不是根，而是茎秆，只不过这些茎秆通常埋藏在地下，完全变成了根的模样。让人又爱又恨的鱼腥草也是如此。如果拿着这么一棵山葵，我们甚至感觉不到它们的特殊气味儿，只有在磨制之后，山葵的风味儿才会显现出来。但是这种风味儿来得快，去得也快，所以在正宗的寿司店里，山葵都是现磨现用，因为在磨制 15 分钟之后，山葵的特殊风味就几乎丧失殆尽了。

在寿司风行世界之前，人们很少知道山葵这种东西。至于在日本的应用大抵也是个晚近的事情。因为在日本，日文汉字名"和佐比"于918 年首次出现于《本草和名》中，但纯为发音用字。说明这种调料并不是传统的和食调料。

除了山葵的根茎，山葵的叶子也是可以吃的。这些南瓜叶模样的叶子也有山葵的特有风味儿，可以做成沙拉吃，也可以水煮后拌上酱油作为下酒下饭的小菜，甚至可以包裹食材炸成天妇罗。这倒与我国南方以及东南亚用假蒌叶包裹牛肉等食材炸制的食物有几分相似，只不过，前者是芥末风味儿，后者是胡椒风味儿。

但是，现如今想吃到好吃的山葵并不容易。不单单是因为山葵不好种植，更重要的是这种特殊的"绿芥末"需要现磨现吃才好，在当今这个工业化和标准化盛行的世界里面，这种调料显然是与潮流相悖的，即便它很好吃。但是寿司和刺身是大家喜欢吃的，于是出现一种味道重，可以长期储存且味道不减的绿芥末——辣根！

仿冒山葵的辣根

如今，我们在市场上经常能碰到很多装在"牙膏管"里面的绿芥末，上面的名称通常是青辣芥，这些牙膏就是辣根了。不过有些时候，这些"牙膏管"上也会打上山葵的字样，这就是不折不扣的欺诈了。因为辣根和山葵完全不是一个东西。

辣根虽然也被称为马萝卜和西洋山蓊菜，但是跟山蓊菜（山葵）没什么直接的亲戚关系，它们是十字花科辣根属的植物。与芥菜种子、山葵根茎不同，辣根的主要食用部分，其实是它们的根。值得注意的是，辣根磨制成酱料之后，它们的颜色是淡黄色的，并不是说市售辣根是绿色的，那是人工添加色素的结果。至于目的，自然是不言而喻了。

虽然一直被认为是山葵的替代品和仿冒品，但是辣根的食用历史真的很长，甚至比山葵的食用历史都要长。欧洲人很久之前就开始栽种辣根了，在希腊神话中就有对这种植物的描绘——皮提亚告诉阿波罗，辣根是与黄金等价的。在中世纪，辣根的叶子和根都是重要的药物，也是重要的烤肉调料。后来随着欧洲殖民者的脚步登陆美洲大陆。

如今，辣根酱是一种重要的调味料，用在烤鱼、烤牛肉、三明治和汉堡之中，其地位和作用并不逊于芥末酱。这样看来，总把辣根看成山葵的冒名顶替者是不公平的。

泪流满面的秘密

能让我们流泪的蔬菜其实不单单是黄绿芥末，还有很多特别烹制的蔬菜。在西南一带流传着一种特别的烹制芥菜的方法，把根用芥菜（大头菜）切成细丝，用油略略炒过，待凉，封入干净的玻璃瓶中。一周之后，打开容器把细丝捞出，拌入老醋和花椒油，就可以吃了。不明就里的朋友还以为是普通的萝卜丝，一吃一大口，结果就如同吞下去一大块儿芥末，直叫鼻涕和眼泪齐飞。所以这种菜有了个特别的名字叫"冲菜"。

实际上，包括冲菜、芥菜籽、山葵、辣根在内的刺激滋味儿都来自一类叫异硫氰酸盐的物质，这种物质拥有特殊的芥末样的气味儿。几乎所有的十字花科植物都拥有这种化学物质，白菜、萝卜、卷心菜、西蓝花或多或少都带有这样的辛辣味儿。这种特殊气味儿其实是为了对抗害虫存在的，没有多少虫子愿意顶气味儿作案。当然也有一些特殊的动物忽视了这种威胁，甚至喜欢上了这种刺激味儿，人类就是其中一种。

有趣的是，如果我们不切碎这些蔬菜，它们都是温和的，没有刺激气味儿的。那是因为平常这些化学武器都是以芥子油苷的形式存在的，只有当植物受到啃咬攻击的时候，芥子油苷才会在相应的酶的作用下分解，释放出异硫氰酸盐，变身刺鼻物质！植物的智慧可见一斑。

当然，不同芥末之间也有细微的差别，那取决于不同异硫氰酸盐种类和含量的差异。至于具体的差别对于老饕和食客来说已经并不重要了，我们想要的不就是那种刺激的快感吗？至于细微的感受，就不要纠结于几个化学名词和含量数字了，用心和舌头去体验美食，才能感受到其中的滋味。

调料

* 火锅为什么那么鲜

　　我们在吃火锅的时候，通常会被火锅的主料所吸引，如涮羊肉、毛肚火锅、酸汤鱼火锅、辣子鸡火锅等，通通是以主料为主打。点菜之时，眼睛更是被鸭肠、血旺、鱼滑、虾滑、野生菌菇等一众材料填满。不过，主料再好，这清水煮的滋味总是不足，若非原味爱好者，一定要有好调料来配，才是火锅正道！

　　于是，各种调料轮番登场。用汤勺搅一搅红汤汤底，各种调料碎屑让人深感中华调料博大精深。要想调出好火锅，做个合格的吃货，还是得从认调料开始。

　　总的来说，只要有姜、辣椒、花椒和大料就足以支撑起火锅的基本味道了，如果想要火锅变得更丰满，就必须用到很多香料。除了前面已

*丁香（*Syzygium aromaticum*），
桃金娘科，蒲桃属。

*草豆蔻（*Alpinia katsumadai*），姜科，山姜属。

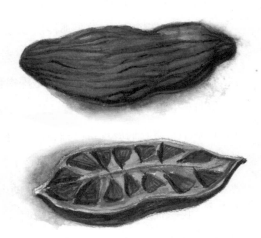

*香叶（*Laurus nobilis*），樟科，月桂属。
火锅的好调料。

*草果（*Amomum tsao-ko*），姜科，豆蔻属。

经说到的肉豆蔻、香叶、薄荷、紫苏等看个人爱好选用的食材之外，还有一些小众香料也非常让人向往。

草果

草果可以说是火锅中为数不多的完整果实，当然了，包装好的火锅底料确实很难见到。这种红枣大小的椭圆形果子，漂浮在红汤锅和清汤锅表面，经常被不经意的漏勺误捞上来，于是就被弃于口碟之中，着实可惜。

比起辣椒和花椒的急速火爆，草果要温柔许多。草果的味道同生姜一样，需要长时间的炖煮方能显现，这也难怪，草果本来就跟生姜是一家子。它们都是姜科植物大家庭的成员。如果细细品味，真的能从草果中尝到淡淡的姜味儿，其间可能还夹杂着淡淡的孜然味。这是因为草果拥有的 α–蒎烯和柠檬醛都是跟生姜共有的，只有草果自己独特的味道来自 1,8–桉树脑了，草果那种独特的类似樟脑的味道就是这家伙的作用。只是桉树脑比樟脑安全多了。

虽然，火锅中的草果通常是深褐色的，但是成熟的新鲜草果却要漂亮好多，它们的外套是鲜红色的，只是在干燥炮制过程中变丑了。不过，这并不妨碍它们展现自己独特的味道。草果种植是件辛苦的事情，这种叶子像芦苇的植物只生长在树荫之下，所以，要想种草果就必须有树林，这也就成就了草果种植地郁郁葱葱的山林。

我一直以为，草果足以担当调料中的主角。在云南麻栗坡，人们把自家收获的草果扔进火塘中，待到草果烧得焦黄，两个尖端已经冒出了火星，这才把它们扒拉出来。略微拂去表面的草木灰，拍成碎块，放入现杀的土鸡汤之中，在火塘上慢慢炖煮。三个小时之后，鸡汤的香味已经飘到院墙之外，虽然里面只有草果一味调料。

后来，我才知道，草果味道的升华可能就在于这一烤。一方面，通过烧烤，草果中的挥发油更容易从细胞中渗出来。另一方面，草果中的糖和氨基酸也因为烘烤发生了美拉德反应，从而合成一些生草果中没有的香气物质，所以烤过的草果有着更丰富的，特别是一股似有似无的甜香味儿。

砂仁和草豆蔻

如果说肉桂是淡淡的中药味儿的话，那么砂仁就真的是有浓浓的药味儿。山西名酒竹叶青的特别滋味，在很大程度上就来源于添加的砂仁。至于草豆蔻最出名的大概就是"豆蔻年华"这个词，据说是因为豆蔻二月开花，八月结果，暗合妙龄少女的"二八年华"而来。

不管是砂仁还是草豆蔻都有跟草果类似的植株，没办法，这俩家伙也是姜科的植物，在开过像张开的嘴唇一样的美丽花朵之后，它们都会分别孕育自己的果实。不过豆蔻的开花时间多在四月，而结果多在七月，这二八之数是否因草豆蔻而起，还值得推敲。不管怎样，最终两者的果子都变成了灰褐色的小圆球，出现在了火锅调料之中。

虽然砂仁和草豆蔻的果子很像，两者的味道也非常相似，但砂仁的成分中乙酸龙脑酯多点，而草豆蔻的成分中桉叶油素和 α – 蒎烯多点，这点儿成分上的差别就可以将这两兄弟区分开来。

至于火锅调料中为什么也会有这哥俩儿出现，大概是因为，除了增加一些特殊的辛香气之外，还可以让我们吃下更多的火锅食物，因为砂仁和草豆蔻都可以促进我们的肠胃蠕动，增进食欲。对于火锅这样狂欢般的盛宴，怎能缺少帮助消化的使者呢？

孜然

相对于其他调料，我总觉得孜然更应该出现在烧烤摊上，与鸡翅、腰子、羊肉串为伍，经过微微的炙烤，孜然中那种特有的香味会弥散在空气之中，让人甘愿冒着致癌的风险，也要大嚼一顿炭火烧烤。出现在火锅里，孜然少了几分热情，多了几分细腻，那种特殊的味道依然与牛羊鸡是绝配。

我们对小小的椭圆形的孜然粒并不陌生，羊肉串上会有很多这样的颗粒，不过见过孜然植物真身的人恐怕就很少了。孜然的植株特别像胡萝卜和小茴香，这三种植物都是伞形科植物的得力干将。三种植物的叶片都是羽毛状的，另外，它们还有一个共同的特征，就是小花聚集在一起，组成一个伞一样的花序，伞形科因而得名。

伞形科的植物都有自己独特的风味，不管是芹菜、香菜、小茴香，还是莳萝、水芹、胡萝卜，更不用提孜然这种特立独行的香料了。孜然的特殊风味主要来自其中含有的 β-蒎烯、对伞花烃、枯茗醛等化合物。与此同时，孜然中的谷氨酸和天冬氨酸的含量也很高，甚至可以达到总氨基酸含量的34%，这两种氨基酸都是鲜味很强的物质，所以孜然在一定程度上可以起到天然味精的作用。这大概是我们喜欢把孜然和羊肉同嚼的重要原因之一。

经过加热后的孜然粒，其中的氨基酸和糖会发生反应，产生一些吡嗪类化合物，从而产生特有的坚果香味儿。这就是为什么微微烤过的孜然粒比生孜然粒更香的原因。不过，孜然的味道特别容易挥发，它们耐不住长时间的加热。所以，放在火锅中的孜然只能提供开场时热烈的气氛，随着涮品下锅，它们的味道就越来越淡了。如果想维持那种特别的味道，恐怕还得不时加入一些孜然粒。只不过，孜然中除了鲜味和香味，也有一些苦味物质，如何取舍，还得看个人喜好了。

丁香

我们经常会用丁香赞美姑娘，当这个名字出现在火锅调料里的时候，你是不是会觉得有些稀奇——这样高雅的花朵也会出现在汹涌的红汤中，与毛肚和血旺为伍？别担心，此丁香非彼丁香。开丁香花的丁香是木樨科的植物，而加入四川火锅的则是桃金娘科植物的花蕾。

有一个说法是，火锅丁香之所以得名，实际上是"钉香"的误读。因为这些干燥的花蕾就像是一颗颗小的钉子，它们长长的管状花萼，加上没有打开的扁平花瓣，确实很形象。不过丁就是钉的古字，其实古人应该也是意识到这点，就取了这个名字，只是现在看起来比钉要美好一点。

与我们常见的丁香花能美丽绽放不同，供应香料的丁香可是要在花朵开放之前就采摘的。当花蕾由绿色转红时采摘，晒干，就变成了火锅中黑乎乎的小"钉子"了。

我们喜欢丁香，主要是因为其中的丁香酚，这种物质赋予了丁香一种类似香石竹（康乃馨）的味道，实际上，丁香酚也被用在辛香型、薄荷、坚果、各种果香、枣子香等香精及烟草香精中。在火爆的红汤锅里，加入一点花香，就像在激昂的乐章之间添加一些轻松的衔接。让这个快节奏的味觉旅程中，有刹那放松的机会。

丁香的老家在马来群岛，如今在我国的广东、海南、广西、云南等地都开始有栽培。在卤肉之中添加一些丁香，会让肉中添入几分特别的花香。于是，不难想象，为什么当年西方人打破头也要来亚洲争夺这种香料。

这种异域风情的调料，会在火锅之外的更多地方撩拨我们的神经。

香茅

在贵州酸汤锅和泰式冬阴功锅中有一股浓浓的柠檬味儿，可是扒拉了半天都没有柠檬片，倒是会扒拉出几根稻草模样的东西，它们就是香茅了。

如果不是把香茅的叶子摘下来，细细揉搓，再凑到鼻子底下，你一定会认为它们就是普通芦苇。没办法，香茅就是来自禾本科家族，跟芦苇、小麦、水稻、玉米都是一大家子，所以长成一个模样也没有什么奇怪的。但是，奇怪的是，香茅没有其他这些成员的禾草味儿，倒是多了几分柠檬的清香。按理说，香茅草也会长出芦花一样的花朵，但却很少被人见到，这大概是因为，香茅的味道太好，都被早早割去当了香料。

香茅的柠檬清香来源于其中的柠檬醛、香叶醛和柠檬烯，这些柠檬味的化学物质让看似普通的茅草也有了别样的香味。如果经过炖煮，香茅释放出的香味会变得更为柔和，更为香甜，同时透着一股生姜的味道，那是因为经过加热，香茅的主力香味变成了橙花醛。一个火锅恰似一个大大的实验室，浓浓的酸汤翻滚之后，让人咂出了丰富的味道。

香茅本不是需要大量添加的香料，只要在庭院中种上几株就可以满足日常所需。除了酸汤鱼，还可以捆扎在罗非鱼之上，加上细碎的剁椒，来一个香茅草烤鱼。烤制香茅焦黄，鱼皮酥脆，柠檬香渗入滑嫩鱼肉之中，还有什么比这更适合安抚夜晚寂寞的胃呢？

只是香茅不耐严寒，所以在北方难得一见，还好随着酸汤锅和冬阴功锅的流行，这种柠檬味的茅草离我们越来越近了。

番茄

贵州酸汤锅中特殊的酸味来自于番茄，不过，并不是把番茄切碎就可以扔进汤锅熬煮了。而是要把番茄泡进缸中，加清水或者淘米水，发酵三个月之后，捞出那些变得像布丁一样柔软的酸番茄，这才加入火锅中熬煮。番茄中的糖经过发酵产生的乳酸，让番茄的酸增加了几分通透，和着肥美的乌江鱼，从喉咙里一滑而下，那是何等畅快。

当然了，即使经过发酵，番茄那股特有的味道并没有被削弱。这种味道就来自于其中的醛类和酮类化合物，其中又以顺－3－己烯醛、β－紫罗兰酮、己醛、牻牛儿苗基乙酮为代表。有这些特殊的风味物质，跟番茄的出身大有关系。

番茄名字中的一个"茄"字确实贴切，它跟茄子是一家，同属茄科植物。番茄的老家远在南美洲的安第斯山脉。大约在公元前500年，野生的樱桃番茄（分布于南美洲的8种野生番茄之一）被当时的中南美洲统治者——阿兹特克人收进了自家菜园。果如其名，这些番茄有着同樱桃比肩的玲珑身材。

在16世纪初，欧洲人刚刚踏上南美大陆上的时候，就对这些有漂亮果实的植物产生了浓厚兴趣，并且将它们搬回了欧洲大陆。只不过，这些番茄被送进了花圃而不是菜园。据说这个"错误"的放置，是因为一本植物书上的一条错误的记载，番茄被打上了有毒品的标签，并且被命名为"狼桃"（wolf peach）以示其"毒性凶猛"。

直到后来，意大利人开始在比萨饼等菜肴中使用番茄，番茄才被真正当作一种蔬菜来推广种植。注意，直到这时，番茄都还是袖珍型。但是自从番茄加入蔬果队伍，追求更大更多的番茄果实就成了育种的主要目标。随后，不断地杂交选育，使番茄的个头越来越大。只是，番茄的标志似乎都被遗忘了，这些番茄个头大，但是不香不甜，甚至连酸味都没有，完全失去了"狼桃"的个性。

番茄在 17 世纪时就传入我国了，直到 20 世纪 20 年代，才开始爆发性增长，所以，酸汤鱼有可能是最年轻的火锅了。

我们为什么会喜欢火锅这种大杂烩式的烹饪方式，恐怕一时很难说清楚；我们为什么要在火锅的汤头中放入如此众多的香料，也有待考察。不过，最近的研究正帮助我们接近真相，其一就是人类是种超级杂食动物，从荤到素，从天到地，从大陆到海洋，凡是可以吃的都被人类当作美食，正是由于这样强大的进食能力，我们才一路从非洲走出遍及全球；其二是我们有复杂的味觉系统，懂得融合之美，比如牛肉中谷氨基酸和核苷酸加上土豆中的谷氨酸盐就变得极鲜美，这就是味觉增效的魔力。而火锅中的诸多调料的叠加，也让我们尝到了不一样的滋味，也许这就是我们这种超级杂食动物的本性吧。

大 麻

*油料、衣物和黑暗娱乐

进入 2014 年，有关大麻的新闻就不绝于耳。先是诸多明星因为吸食大麻被拎进了看守所，再是资源卫星发现了大量的大麻种植区，再有就是神秘的电商以暧昧的姿态透露出一种跟大麻有关的食用油。大麻这个词儿，彻底引爆了大众的好奇心。时不时，有网友会发来植物图片询问我，这是不是大麻，很遗憾，图片上不过是蓖麻、秋葵之类的植物。我能感受到，询问者的感谢语中充满了不甘，他们心中的潜台词是"怎么就没让我碰上呢"。好吧，其实遇上大麻的机会还是蛮多的，比如在网上销售的各种大麻籽油。

当然了，如果你在网上搜索大麻籽油，多半又要失望而归了。各大电商根本就没有这个条目。别着急，只要我们键入"火麻仁油"，哇，大量的选择就会铺满你的屏幕。没错！火麻仁就是大麻籽，只是叫法不同而已。本着吃货的基本原则——介绍前一定要亲身尝试——我还真的购得了一瓶火麻仁油。揣着怦怦直跳的小心脏，倒了一小杯深绿色火麻仁油，一口干了。没有特殊的愉悦，有种类似于炒熟芝麻的口味儿，伴随着一股浓浓的油腻感在嘴里蔓延，显然跟大豆油、花生油、菜籽油有相同的质感。那么，为什么大麻会让人觉得如此神秘？大麻油为什么非得顶个"火麻油"的名头？这都得从大麻和人类的纠葛说起。

大麻曾经的正面形象

虽然被列为毒品植物，但大麻的出身却是相当清白的。它并不像烟草、罂粟和古柯那样，一出场就是给人虚幻幸福的毒物角色。早在公元前 4000 年左右，居住在华夏大地上的人类就开始使用大麻了。别紧张，我们的祖先可不是把大麻当毒品用，而是把大麻当衣服穿。

这样说起来似乎有点奇怪，大麻的掌状叶子很难遮风保暖啊。其实，用作衣物材料的并非叶子，而是大麻的茎秆。因为这种大麻科大麻属植物纤维非常发达，只要去除了多余的细胞杂质，就能得到纯净的纤维。这些纤维的纺织性能可以媲美棉花！所以，把大麻穿上身也就不是什么奇怪的事儿了。当然，大麻纤维的用途远不止于此，日常用的线绳、船只用的风帆都可以从大麻的茎秆中剥下来。于是，考古学家在殷墟的遗址中就刨出了大麻种子，而在半坡遗址中发现了大麻绳索的痕迹。至于我国古籍——《诗经》《尔雅》中，更是有诸多对大麻的记载，在《仪礼》中有这样的记载"苴径者，麻之有也"，"缉也，牡麻者，枲麻也"。这里面的"苴"和"枲（音同喜）"其实都是大麻，只不过前者是专指开雄花的雄性大麻植株，而后者呢，是只开雌花的雌性大麻植株。

*大麻（*Cannabis sativa*），大麻科，大麻属。
其纤维的纺织性能可以媲美棉花。

即便是在今天，大麻纤维依旧广泛应用于航海、造纸、包装麻袋、渔网编制等多个方面。2001 年，全国的大麻产量超过 2 万吨。但是，为什么我们一提到大麻，就会觉得它是种邪恶的植物呢？即便是大麻油也以高级食用油的身份出现在市场上的时候，也要换上"火麻油"的名头，为什么非要避开大麻二字呢？那都是因为大麻的另一个身份——毒品。

大麻为什么被封杀

大麻与海洛因、可卡因被列为世界三大毒品。那为什么还能栽培大麻来提取纤维，甚至来获取油料呢？那是因为并非所有的大麻都含有毒品成分，大麻分为栽培大麻和印度大麻两个亚种，只有后者可以提供毒品原料。其中最关键的成分是一种叫四氢大麻酚（THC）的成分，通常来说，当每 100 克干大麻中的 THC 含量高于 0.3% 的时候就可以被定性为毒品了。

THC 是一种可以作用于我们大脑的化学物质，它可以让我们忘却恐惧，给我们带来舒适的愉悦感。其实，这种反应就是那些辛勤收割大麻的农夫们发现的——烈日当头，收割大麻的农夫却是神清气爽，丝毫不觉劳累，这就是 THC 的神奇作用了。

实际上，人类大脑自身也会分泌类似于 THC 的内源性大麻素，这种物质可以帮助我们抹除恐惧的回忆。在动物试验中，如果我们干扰内源性大麻素发挥作用的过程，小鼠们就无法忘记恐惧。从这个层面上来说，THC 带来的愉悦感很可能与此有关。但是长期大剂量地吸食大麻，会带来诸多包括"戒断症状"等问题。需要特别注意的是，问题的核心不在于大麻本身对人体的伤害，而是在吸食大量大麻后，愉悦感会逐渐降低。这时，吸食者就会尝试效力更强的毒品，从而走上吸毒这条不归路。于是，大麻被认为是一种诱导性毒品。中国古语中所说的"勿以恶小而为之"，放在吸食大麻这件事儿上，真是再恰当不过了。正是因为如此，美国在 20 世纪 30 年代中期曾一度禁种大麻。

很多时候我们习惯了这样非黑即白的简单两分法，于是大麻因为一个亚种的失足，毁了整个大麻家族的名声。实际上，有很多大麻都是清白的。

大麻油料好吃吗？

大麻印度亚种中的 THC 主要存在于花序苞片、雌花花序以及叶片之中，这才是毒品的真正原料。而大麻种子中的 THC 含量也极其有限。至于那些栽培大麻种子中的 THC 含量就微乎其微了，完全没有致人成瘾的可能。也许商家就要故作神秘来吸引消费者的注意力吧。

至于火麻油传说中的养生作用，简直跟栽培大麻中的 THC 一样，都是不可靠的事儿。在宣传中经常提到火麻油富含不饱和脂肪酸、蛋白质和矿物质，并且将广西巴马成为长寿之乡的重要原因归结为火麻油。我不知道巴马的老寿星是不是顿顿都吃火麻油，只知道当地的水、土壤、空气甚至连地磁场都被认为是长寿的原因，但是遗憾的是，没有一个有明确证据。倒是蜂拥而至的养生客把巴马搞得天翻地覆，再也没有世外桃源的景象了。

回头再来看火麻油本身的营养价值。即便含有丰富的不饱和脂肪酸，火麻油也算不上圣品。像大豆油、菜籽油这样的油料中的油酸等不饱和脂肪酸含量也高达 70% 以上。所以，并非火麻油才有这样神奇的组分。另外，需要注意一点的是，我们的认识上经常存在一个误区，就是在正常饮食的基础上多摄入一点不饱和脂肪酸就健康了，这就大错特错。正确的做法是用不饱和脂肪酸替代现有饮食中所有的脂肪，特别是饱和脂肪酸，这才是健康的选择。简单来说，就是每天多喝一小杯火麻油完全无助于健康，反而增加了总的脂肪摄入量。

当然，除却成分之外，油料的风味也影响着菜肴的口味儿。只是，我很难从火麻油中品尝出任何美妙的滋味，倒是有种豆油混进油渣的感觉，仅此而已。如果追求菜肴的风味，还不如选择花生油和芝麻油来得爽快。大麻油权当尝鲜就好，就不要太在意其中的特殊作用了。

把大麻穿上身

虽然棉花和合成纤维在现代衣物中占据了统治地位，但是大麻因为特殊的抗菌、吸湿透气的良好性能，同时可以降低对石油工业的依赖，这种土里长出的优良纤维作物正越来越受到人们的重视。

另外，大麻本身也是很好的衣物用纤维。因为，它们在不经处理的情况下都不会产生普通麻织物（比如苎麻）的刺痒感。麻制品的刺痒感主要是因为麻类织物表面通常会有一些凸出的纤维。正是这些像树杈一样的纤维（毛羽）刺激我们的痛觉神经，从而带来难以言表的刺痒感。羊毛毛衣带来的刺痒感也是类似的原因。所以，想要解决这个问题，就需要把凸出的毛羽软化，或者去掉，比如用火将毛羽烧掉，或者用碱或酶将毛羽软化。但是这样带来的问题就是纤维性能的下降，影响纤维的纺织性能。

而大麻就不会碰到这个问题。不用经过加工，也能让我们的肌肤感觉到衣物的爽滑，这也是大麻织物越来越受到重视的原因之一。也许在不久的将来，接触大麻会变成越来越简单的事情。

未来的大麻之旅

科研人员对大麻体内 THC 的合成途径以及相关基因的了解已经越来越清楚，我们完全可以培育出不含 THC 的大麻品种。另外，大麻易种植的特性也为人类提供了更多纤维选择。从衣物到毒品再到衣物，这一个循环恰恰是人类对自然认识过程的绝佳标本。

世间万物本是这样，并无绝对的黑和白，一切善恶都因人类的行为而决定。

*让人欲罢不能的成瘾植物

作为杂食性物种，我们每天都跟不同种类的植物打交道。除了仰仗这些绿色的邻居为我们提供清洁的空气、阻挡风沙之外，最重要的就是要从中寻觅食物。为了在广袤的田野中找到合适的食物，总有人需要一种一种地尝试。最终，像小麦、水稻、玉米这样可以提供营养能量的家伙被请进了厨房。

当然，挑选的过程并非总是让人愉悦的，中毒事件时有发生。不过，植物的化学武器并非总是要取人性命。在有益植物和有害植物两大集合之外，又有了一个身处"无间"的族群。它们能给予孤独、痛苦、疲乏的人以精神上的抚慰，时间久了，这种抚慰会生长成一种隐形的纽带，"瘾"也从中而生。

* 罂粟（*Papaver somniferum*），罂粟科，罂粟属。
火红色的如丝绒般的花瓣。

罂粟的红与黑

我第一次与罂粟近距离接触，是在西南的山区，一个海拔 3000 多米的山头上。只不过，我并不是造访这个罂粟田的第一批客人。在我们到来之前，缉毒民警已经削光了所有植株的脑袋，留下的只有断枝残叶，还有片片散落的火红花瓣。有些还没来得及长大的，裹满绒毛的绿色小罂粟果被踏进了泥土中。从这些残花败叶，我能够想象之前如烈火般壮观的罂粟花朵。

毫无疑问，罂粟花是美丽的，足以让生人第一眼就把它们从众多花草中辨识出来。其实，罂粟的兄弟姐妹并不少，全球有 100 多种罂粟属的植物。但是这并不妨碍它展示自己特立独行的形象，在枝条上伸展的羽毛般叶片，火红色的如丝绒般的花瓣，再加上一个犹如装盖子的鸡蛋的特别果实，这一切都让罂粟有了自己的身份象征。

当初人类亲近这种植物，也许就是受到了这些妖艳炽烈的花瓣的勾引。不管怎样，人类同罂粟接触的历史，几乎同人类自身的历史一样长。在已经灭绝的尼安德特人的生活遗迹上，也发现了罂粟的痕迹。

我不知道，人类是不是一开始就是冲着鸦片去接近罂粟的。罂粟可以提供的远不止这些，它们的种子里面有丰富的油脂，据说在一粒饱满的罂粟种子中，挤满了占总重量 50% 的油脂。不过提供食用油并不是罂粟的强项，毕竟种子的总量太小了。没有过多久，餐桌上的罂粟就被芝麻、油菜抢了饭碗。

当然，罂粟没有就此淡出人类的视线。谁也想不到，本该是保护种子而生的鸦片，竟成了全新产品。3000 多年前，两河流域的苏美尔人，已经懂得在一天的劳作之后，煮上一壶罂粟茶，让一天的疲惫融化在茶汤之中。罂粟被他们称为"欢乐草"。不久之后，亚述人发现只要将没有成熟的果实轻轻切开，白色的乳汁就会从切口处涌出，在乳汁干燥之后，就成了效力强劲的黑色鸦片。

大概在 20 年前，我有幸见过一次真正的鸦片。那时，外婆的偏头痛久治不愈。外公不知从哪里搞来一粒豌豆大小的黑球。每次抠下小小的一点放在酒里，让外婆喝下。之后，把小黑球放在我们难以触及的橱柜里面。现在想想那小黑球，大概就是生鸦片了。大概是药量太少，抑或是鸦片的品种问题，外婆的头痛并不见好。

后来才知道，这种鸦片兑酒的方子，曾经一度是医生手中的灵丹妙药。在 17 世纪 60 年代，英国医生是这样看待鸦片酒的："神奇的鸦片竟可抚慰灵魂；鸦片不是药，却可以防治百病。"当时的医生认为，鸦片可以镇痛、解热，治疗腹泻、吐血、呼吸困难……简直就是灵丹妙药。

而鸦片的影响又不仅止于此，在当时的英国文艺界甚至掀起了靠鸦片找灵感的热潮，据说，狄更斯、拜伦、雪莱等大家都将鸦片当作写作时的兴奋剂。柯林斯在写作之前都要干掉一大勺鸦片酒。鸦片的刺激，激发出了另类的文学作品，甚至催生了"浪漫派"文学。为文学创作成瘾，这是多么浪漫的理由啊。不过，很快鸦片成了人类的娱乐工具。在 1880 年的伦敦烟馆里，到处是吸鸦片烟的客人，因为这种消遣甚至比喝劣质的威士忌都便宜。

当然，鸦片带来的并不总是欢乐，那场靠鸦片发动的战争就不是。但是，鸦片战争仅仅是罂粟展示黑暗面的开始。很快，就有人发现，对鸦片产生依赖是持久的，甚至是邪恶的。为了剪断这种依赖关系，德国科学家赛特纳（Serturner）鼓捣出了纯粹的镇痛成分——吗啡。谁知道，这种成分也会让人成瘾，那些在战场上被吗啡救活的重伤员，在战后几乎都患上吗啡依赖症。这样的成瘾，算得上是悲剧中的悲剧。为了克服吗啡的这种弊病，德国科学家又对吗啡的分子结构进行了小修小补，结果造出举世闻名的海洛因。至于鸦片后来的故事，我们可以从以"小马哥"为代表的各类港产枪战片中学习。至此，罂粟的黑色一面展露无遗。

大麻的苹果绿

如果说罂粟是因为特殊的药效引人成瘾的话，那大麻成为毒品植物的历程就显得曲折多了。至少在中国，大麻最初的用途跟药物完全不搭边，它们一直被作为植物纤维的来源。直到今天，大麻仍然是一种重要的纺织材料和绳索制作材料。当然，这样使用大麻的方式并不局限在中国。托马斯·杰弗逊曾经在日记中这样写道："最好的大麻和最好的烟草被种在同一片土地上。前者是商业和海运所必需的。换句话说，是国家的财富和保障，后者没什么用，有时还有害……"毫无疑问的是，由大麻制成的麻绳曾经在世界海运贸易中发挥了举足轻重的作用。如果大麻的用途仅仅如此的话，它们可能已经被我们遗忘了。毕竟，合成纤维的开发以及集装箱的应用，已经让我们离麻绳越来越远了。

大麻的效力究竟怎么样？大卫·斯图亚特在《危险花园》一书中写道，"即使在闷热的午后，收割大麻的清教徒也会感觉神清气爽"。实际上，药力强劲的大麻品种很可能是在印度被培育出来的。同罂粟一样，具有麻醉效果的大麻叶也被当成了包治百病的灵丹妙药。甚至被认为能让思维加速、增进睡眠、缓解发热、治疗痢疾，还曾一度被认为可以治疗麻风病。虽然我们无从得知大麻从什么时候开始控制了人们的心神，但至少在公元前 500 年的中亚墓穴中就有找到完整的大麻叶片和部分果实。

大麻的另一个厉害之处就是对自己的生长环境不挑不拣，只要保证适当的光照和温湿度，即使在地下室里面，它们也能茁壮成长，泛出耀眼的苹果绿。相对于用罂粟生产鸦片的复杂过程，生产大麻要简单得多，只要等到大麻生长成熟，摘下叶片和花朵，晾晒干燥就成了可以使用的"销魂产品"，并且自始至终都保持着这样原始的形态。

大麻的麻醉效果比起罂粟也要温和一些。所以，更多的新兴吸毒者选择了大麻。据报道，歌后惠特妮·休斯顿就是因为长期吸食大麻和可卡因的混合物，最终导致身体崩溃，猝然辞世。

促进贸易和摧毁健康这两种完全不搭界的效果，就这样汇集在了一种植物身上。针对大麻有一些有趣的研究进展，科学家已经在大麻中找到了合成四氢大麻酚的基因，只要关闭这个基因，就可以生产出安全舒适的衣物纤维；或者通过一些简单的改造，就能得到没有成瘾性的，新的止疼药物。

烟草娱乐

同罂粟和大麻的复杂身世不同，烟草自始至终就是一个娱乐的工具。当哥伦布第一次踏上美洲，当地的印第安人同他们交换的货物里面有一种金黄色的叶子，还散发出淡淡的芳香，那就是烟叶。当地人甚至教会这些远道而来的客人如何吸烟。谁也不会想到，这种金黄的叶子最终走遍了世界，并拥有上亿的追随者。

当我第一次看到烟草花朵的时候，也为它们的柔美所吸引。那是在中国西南的一个山村里，时间距离哥伦布得到烟叶已经过去了500多年。而烟草早已顺着航运的脚步，散播到了世界各地。

最初的吸烟者更像是杂耍演员，将吸进的烟雾从鼻子、嘴巴里喷出来，活脱脱一个传说中的怪物。据说，海员经常被围观的一个重要原因就是他们会抽烟。只是我一直无法理解，那种吞云吐雾般的表演究竟能给吸烟者带来什么样的快感。不过，毫无疑问的是，烟草的种植改变了世界的隔绝。如果没有烟草这种作物，抑或是这种商品不被人接受，那美洲殖民地的命运就另当别论了。弗吉尼亚殖民地的成功几乎都仰仗于烟草的种植和贸易。这种植物不需要太多的耕种除虫，它自带的化学武器就足以应对这些困难。收获起来也不麻烦，只要把成熟的叶片砍下来晾干或者烤干就可以使用了。当然，这些商品的售价可比那些需要压榨的甘蔗或者需要精细耕种的小麦要高得多。于是，美洲殖民地用生产的烟草从英国换回了真金白银，这也奠定了美国发展的基础。

另一个推动烟草广泛传播的故事是卷烟的发明。在土耳其和埃及的1832年之战中，一名埃及炮手发明了用纸包裹发射火药的方法，大大增强了火炮威力。于是，上司奖励了他一磅烟草，不过却忘了附赠烟斗。这名灵机一动的士兵，模仿火炮装药的形式，用纸包住烟丝抽了起来。这就是最早的卷烟。一种方便快捷容易携带的吸烟方式就此诞生了。

不过，这终究解释不了烟草为什么会让人如此痴迷。作为一种嗜好品，同时被世界上所有的族群所接受，并不是一件容易的事情。答案就是烟草独有的化学成分——尼古丁。最初，我听到的关于这种物质的故事就是"1滴尼古丁就可以杀死1头大象"，于是对这种物质没有任何好印象，总是想着能不能把烟头收集起来，去对付月季花上讨厌的蚜虫。

实际上，微量的尼古丁可以兴奋人的神经，而稍稍加大剂量则可以让人进入放松的状态，仅此而已。"饭后一支烟"的状态，大概就是吸烟者追求的那一丝沉静吧。

欲罢不能的根源

如果仅仅是简单的刺激，那我们完全可以通过不同的途径获得。为什么这些植物可以让人们欲罢不能？以往，人们习惯从道德层面寻找原因。总之，要是有人同毒品难分难解，就必定是心中的小魔鬼在起作用。随着研究的深入，人们发现药物成瘾，或者主动吸食毒品的根源同道德思想并无直接联系。那不过是人体在生理上对毒品植物做出的反应而已。

我们的大脑是个神奇的组织，看似简单的细胞组织间却执行着不同的功能。说实话，我们处在一个危险的世界中。我们要忍受工作的压力；我们要担起家庭的重担；我们甚至要时刻保持警觉，躲避那些不明缘由飞驰而过的车辆。不过，比起人类祖先，我们还是幸福多了，他们不仅要想方设法填饱肚子，还得躲避豺狼虎豹。生活的重压，意外的受伤，都可能影响人们坚持下去的斗志。于是，我们的大脑要了一个小花招，在我们倍感痛苦的时候，大脑会分泌一些被称为内啡肽的化学物质，当内啡肽"击中"脑神经细胞上的"标靶"（受体）时，神经细胞就会释放出多巴胺，从而达到减轻痛楚的目的，并且会让人体验到幸福的感觉。正因为如此，我们能从痛苦中缓解过来，时刻准备去迎接新的挑战。

而让人成瘾的植物的真正作用，就是提供可以取代内啡肽的物质。无论是吗啡、四氢大麻酚还是尼古丁，都可以代替内啡肽，促使神经细胞释放出足量的多巴胺。并且，这些外来物质的效力要远远超出我们自身分泌的内啡肽。更严重的问题是，一旦适应了这种强烈的外来"幸福"刺激，内啡肽就丧失了作用。只能依赖吞云吐雾的快感，毒瘾也就这样产生了。如此说来，跟这些成瘾植物保持亲密关系，也算是寻找另类幸福的一条途径吧。

还好，生活为我们预留了幸福的出口。科学家们曾经做过一个实验，将小白鼠分为两组，一组被关在狭小的小隔间里，而另一组则在一个宽敞明亮的鼠类乐园中，它们可以尽情地玩耍，谈婚论嫁，甚至是生儿育女。面对科学家提供的水和鸦片鸡尾酒，两组小鼠做出了截然不同的选择。可能你已经猜到了。前一组小鼠整日借毒消愁，毒瘾日甚一日；而后一组呢，则根本顾不上去尝试毒品，它们还要去享受幸福的生活呢。这也正应了那个关于幸福的名句，不幸的人有各自的不幸，而幸福的人都是一样的。如果你想远远地屏蔽那些诱人的"无间"，有什么比找到生活的幸福更有效的呢？这样想来，幸福才是最猛烈的成瘾药物。

∞ 识花指南

如何区别罂粟、冰岛罂粟和虞美人？

这三种植物名字里面都有罂粟，并且花朵也异常相似。冰岛罂粟的植株形态完全不同于其他两者。冰岛罂粟的叶子好像都是从土里直接冒出来的。而罂粟和虞美人漂亮伸长的茎秆上也长着叶子。至于这两者最明显的区别还在雄蕊上，前者的花丝是白色的，而后者是紫红色的。∞

槟榔

* 徘徊于药品和嗜好品之间

我打小就对槟榔充满了憧憬，现在想想，大概是因为那首歌曲《采槟榔》引发的。我现在在脑袋中还能搜索到那个熟悉的旋律和唱词——"高高的树上结槟榔，谁先爬上谁先尝"。试想，一个需要通过竞技才能品尝的零食，那一定是美味的、美好的、美妙的。总之，尝一尝槟榔在我心中扎下了根。因为黄土高原上并不出产此物，并且山西人也没有嚼槟榔的嗜好，于是这一心愿就一直没有实现。

后来真的接触到了槟榔，却感觉没有想象中那么愉快。我第一次吃到的槟榔是好友从广东特意带回来的，那是一块包装好的槟榔——一块看似干草的东西包裹在真空包装里，单单是卖相就输给现今的各种糖果、咖啡、巧克力了。当然，我还是抱着试试看的心情嚼了一块，一股浓浓的烟熏味升腾而起，嘴里就是淡而无味的木柴感觉。那滋味就像在嚼一块在灶台上挂了十年的老腊肉，并且还没有咸味。不过，从那时起我更憧憬新鲜的槟榔了。

在海南第一次吃到了新鲜的槟榔，结果彻底打破了我对槟榔的幻想。买槟榔的场景还是有几分诗意的。幽静的小村路上，巨大的榕树下，支起一张小小的方桌，一个塑料盆里装满了青绿色的槟榔，另一个盆里放了几个叶子叠成的小三角，从侧缝里露出方桌后面的老婆婆，她似睡非睡地守着小摊。槟榔一块钱一个，买到之后，老婆婆会帮你把外皮切开。索要那个小三角包，老婆婆却示意我不要吃。苦于无法明确听懂老人家的海南方言，无奈，我只能学着样子把外皮啃掉，然后吮吸着里面不多的汁液，然后咽下去一大口。可是，吃着吃着就不对劲了，我完全没有感受到吃槟榔的快感，倒是有种如鲠在喉的感觉。之后喝了好多水才平复下来。于是，多年的槟榔梦彻底破灭了。

可是，转念一想，既然这东西不是那么愉悦，为什么又有很多人趋之若鹜呢？槟榔的魔力究竟在哪里？

在药房露头的"小椰子"

所谓近水楼台先得月，国人嚼槟榔的历史非常悠久。在东汉杨孚的《异物志》中就有这样的记载，"槟榔，若笋竹生竿，种之精硬，引茎直上，不生枝叶，其状若柱……因坼裂，出若黍穗，无花而为实，大如桃李……以扶留藤古贲灰并食，下气及宿食，去虫消谷"。目前来看，这是关于槟榔最早的记载了。

在这段记载中透露出几个信息，首先槟榔的外貌就跟竹竿差不多，"一门心思"向上生长，在头顶才长出了叶片。不用说，这其实是棕榈科

*槟榔（*Areca catechu*），棕榈科，槟榔属。

外貌跟竹竿差不多。

植物的一大特点，不管是王棕、椰子、伊拉克蜜枣（椰枣）都是这副模样。当然了，说以槟榔为代表的植物"无花而实"就有点不对头。棕榈科植物是典型的被子植物，它们一定是先开花后结果的，只不过它们的花朵没有艳丽的花瓣。它们像玉米小麦之类的花朵，保证能完成开花结果的过程，因而被误认为无花而实了。槟榔的果实有点像迷你版的小椰子，这也不奇怪，因为通过分子遗传学分析，槟榔属和椰子属的关系也是相当亲密的。

在上面的记述中，还有一个要点就是吃槟榔后会有特别的作用，包括消食和驱虫，可以看出来，这时候的槟榔还是药品，是为了健康才嚼的。在宋朝之前，药品一直是槟榔的主要身份。在成书于不同时代的《名医别录》《岭表录异》和《本草纲目》中，都有对槟榔药用价值的记述。在很长一段时间里，人们甚至认为这种果实能够驱除中国南方的"瘴气"，因而与益智仁、砂仁、巴戟天并列为四大南药。这足以说明槟榔在医药中的地位。

到宋朝之后，槟榔的用途开始有了转变。它们不单单是简单的药品，更多情况下扮演了嗜好品的角色。大家是为了愉悦来嚼槟榔，特别是在海南以及广东等岭南地区，并且这种习惯一直延续了下来，一度成为王公贵族的休闲方式。直到鸦片和烟草传入我国之后，槟榔才慢慢从嗜好品之王的神坛上走下来。

当然，今天我们很多地方仍旧保持着咀嚼槟榔的习惯，只是嚼的对象不尽相同而已。

混搭到让人"吐血"

在海南，很多公共场所都不客气地写着——"禁止嚼槟榔！"这明明是种嗜好品，又不会像二手香烟那样毒及无辜，为何要禁止呢？答案其实就在我们脚下。

初到海南的人会很奇怪，街道上经常会有很多红色血迹一样的东西，让人不得不怀疑，"怎么会有那么多人到街上来吐血呢？"其实这些红色物质根本不是血，而是咀嚼槟榔的人吐出的汁液。

如果只是单纯地嚼槟榔，即便把它们嚼得再碎也不会出现鲜红色汁液。倘若这时真的出现了红色汁液，那很可能是因为牙龈和口腔黏膜被刺伤了。要想获得红色的果，就必须把槟榔、贝壳灰（如果没有贝壳灰的话，也可以用石灰代替）和蒌叶（胡椒科胡椒属的一种植物，有特殊的香气）一起嚼。

在贝壳灰和蒌叶的协助下，槟榔中的槟榔红色素（一种酚类物质）就会发生明显变化，显现出血一样的颜色。更要命的是，这种槟榔红色素不大容易被清除，所以吐在街道上的槟榔汁液很是让人讨厌的。在这点上，槟榔倒有点像口香糖，一不小心就变成了城市牛皮癣。所以，在公共场合禁止嚼槟榔也就不奇怪了。

当然，吃新鲜的槟榔，通常是在槟榔产地。因为新鲜槟榔不易保存，所以其他地方的槟榔通常是经过加工处理的，在绝大多数加工过程中，槟榔会先被清洗，然后就送去浸泡炮制，晾干切片后再经过炒制或者直接调味包装，就可以上市了。我最早吃到的那种包装槟榔，大概就是这种槟榔了。至于其中的烟火味儿，大概就是来源于炒制了。

为了迎合现代人的口味儿，商家们又在槟榔里加上了各种香精，变得奶油味儿、话梅味儿一应俱全。不过，这并不是槟榔能继续存在和火爆的终极理由，更重要的是它能让我们心跳加速。

让人上瘾的魔果

听起来有点奇异，但是槟榔确实有这样的魔力。嗜好槟榔的朋友告诉我，吃过槟榔之后如同喝下"二锅头"，脸色潮红，精神亢奋。这些状态并不是我们的心理作用，而是实实在在的生物碱的影响。

槟榔中含有多种生物碱，比如槟榔碱、槟榔次碱就是其中最主要的成分。这些物质和其他生物碱一样都会对人体机能产生影响。其中，槟榔碱可以刺激内源性促肾上腺皮质激素释放激素的分泌，结果是脑垂体释放更多的促肾上腺皮质激素，之后让肾上腺产生更多的肾上腺皮质激素。如果你已经被这个过程绕晕了也不要紧。我们就把嚼槟榔的结果说简单点，那就是，在人体内产生了兴奋过程。

如果玩过《星际争霸》系列游戏，就会发现，注射了肾上腺素之后，士兵们处于极度亢奋状态，不管是行动速度还是攻击频率都有了明显的提升。当然，这种物质对于我们普通人也是如此。一旦体内肾上腺素的浓度飙升，就会出现血压升高、心跳加快，也就出现像喝酒一样的状态。很可惜，我两次尝试都没有吃到过这种状态，还被槟榔果的纤维刺痛了喉咙和食道，看来槟榔注定不是我的菜。

当然了，槟榔的药性还不止于此。槟榔碱确实对绦虫有一定的杀灭作用，只是在注意饮食卫生的今天，感染此类寄生虫已经是比较稀罕的事情了，也就不用劳驾槟榔出马了。除了对抗寄生虫，槟榔碱还能刺激平滑肌的蠕动，所以古籍医书上记载的槟榔"消食"也是有道理的。从这点来看，槟榔倒是保护人类健康的卫士呢。

但是槟榔的红色汁液也会给我们带来麻烦，比如把牙齿染得黑漆漆的（当然也有些地方，人们以黑齿为美）或者把街道搞得"血迹"斑斑。其实，这都是小问题，更大的问题是，槟榔嚼多了有可能引发癌症。

嚼出来的口腔癌

吃槟榔致癌已经不是什么新鲜事儿了，也绝非危言耸听。通过长期的跟踪调查，科研人员发现，在巴布亚新几内亚，有接近60%的居民都喜欢嚼槟榔，而该国的口腔癌发病率位居世界第二。我国台湾也有嚼槟榔的传统，当地每10万男性居民中就有27.4例口腔癌患者。槟榔的致癌威力不容小觑。

目前，我们对槟榔和口腔癌的认识已经比较清楚了，关键的问题还是在于槟榔中含有的槟榔碱。槟榔碱不仅会影响我们的神经系统，让人进入亢奋状态，还会刺激我们的口腔黏膜细胞，让它们进入不正常的生死状态。通常情况下，口腔黏膜细胞都会自动更新，那些老的细胞会脱落死亡，但是槟榔碱却会打破这种生死平衡，促使上皮细胞在短时间内凋亡。事情还没完，槟榔碱还能让细胞外的胶原蛋白意外地沉积填充下来，同时，作为槟榔碱的帮凶——槟榔次碱还能组织我们的机体来清除这些多余的蛋白质。

槟榔带给我们的伤害还不止于此，在咀嚼过程中，粗糙的纤维很容易刺伤口腔黏膜。这种经常性的损伤，也容易引发细胞的不正常增生。结合上述槟榔碱的性能，结果可想而知，癌变只是量变引起的质变而已。

于是，槟榔再一次站到了十字路口，究竟能在嗜好品的行列中坚持多久成了未知数。也许在不久的将来，槟榔就会再次回归药物的行列，继续从事自己治病救人的本职工作了。当然，那个时候的槟榔就不是用来嚼的了！

腰 果

* 带着危险果壳走向世界

在超市的坚果货架上，腰果一定是最显眼的，无论是摆放位置，还是标价都要比其他坚果高出一头。更特殊的还是它们特别的外形。形如其名，每粒腰果都长成标准的肾形，不过它们可不是什么果，而是同核桃、花生、杏仁一样的种子。当然，特殊的形状还不足以让腰果拥有高档坚果的身份，它特别的松脆口感和香味才是真正原因。它们具有瞬间提升甜品和菜肴层次的魔力，这种魔力甚至能跨越国界，于是乎，无论是瑞士的果仁巧克力、印度的咖喱还是美国的冰激凌，甚至是中国的清炒虾仁中都有腰果活跃的身影，俨然一副国际坚果的范儿。这恐怕是最初发现它们并带回欧洲的葡萄牙探险家所不曾想到的。

*腰果（*Anacardium occidentale*），漆树科，腰果属。
果实长成标准的肾形。

从巴西雨林走向世界

关于腰果的英文名字"Cashew"的来源有很多传说。其中之一是，在很久之前的印度，人们会将腰果摆在沙滩上贩卖，"1枚硬币可以买到8个腰果"，而当时人们使用的硬币的名字是"Cashu"，所以腰果就有了个英文名字"Cashinettu"（硬币坚果），后来逐渐演变成现在的这个单词。

实际上，腰果的老家在巴西东北部的雨林中，16世纪的葡萄牙探险家到来之前，就已经是当地人的美食了。而腰果的英文名字"Cashew"，就来源于葡萄牙语对当地土著居民发音"caju"的模仿。

葡萄牙人对这种坚果宠爱有加，很快就把它们带到了东部非洲的莫桑比克，开出了大片的耕地来种植。而腰果倒也争气，对土壤环境不挑不拣。很快，最初的几颗种子就变成了大片大片的腰果树林。在此之后，腰果传入了周边肯尼亚，没有多久就在东非大西洋沿岸站稳了脚跟，成为新的腰果生产供应基地。

不过，东非生产的腰果还是远远无法满足人们的需求，于是有眼光的商人将腰果的树苗带到了印度。不出所料，腰果又一次挑战成功，在印度找到了新家。在随后的日子，又将自己的势力范围拓展到了泰国、缅甸等东南亚国家。

腰果很快以不同的形象出现在人们的餐桌上，比如在印度，它们可以被磨成腰果酱，作为咖喱酱汁的底料，同时也会以完整形象出现在咖喱和海鲜大菜中。当然，在更多时候，世界各地的人们还是喜欢直接用盐和糖对整粒腰果进行简单调味，然后就送入口中了，因为它们自带的香味已经足够诱人了。时至今日，腰果已经成了名副其实的世界坚果。

果壳危险，但功能多

不知道你有没有注意过，超市出售的腰果都是不带壳的。这跟出现在同一货架上，带壳出售的瓜子、榛子、杏仁形成了鲜明的对比，以至于让人产生腰果生来就没有壳的错觉。

实际上，每粒腰果都有一个相当强悍的外壳。说腰果壳强悍，不仅仅是因为果壳坚硬，难以打开。更重要的是，腰果壳中含有"腰果壳油"，毒性极强。其中含有以腰果酚为代表的一些化学物质，可以侵蚀人的皮肤，这也是腰果所在的漆树科植物所共有的特点。据说，腰果最初就是当作毒药来使用的。看来，我们完全没有可能像嗑瓜子那样嗑腰果。最初没有带壳的腰果出售，还并不是因为方便大家大口吞腰果仁（那得花多少钱啊），而是不得不清理干净。

在机械剥壳设备应用之前，给腰果去壳是件艰巨的任务，先要把腰果晒干，然后，把它们放在火上烤，直到大部分有毒的腰果壳油散去，果壳炸裂，才能取出果仁。当然，也有在果壳没有炸裂的时候，就强行剥壳的。即使有手套的保护，去壳工人也时常会受到毒害。

随着对腰果壳油的研究深入，这种毒药被赋予了很多新的用途。比如，将这种物质当作天然的杀虫剂。不过，腰果壳油更重要的用途是在塑料里面。其中所含的酚类化合物可以改善高分子材料的结果，让分子之间结合得更紧密，形成更多的网状结构。这样就可以大大改善高分子材料的性能，提高它们的耐磨性。另外，腰果壳油还可以增强橡胶的耐热性和弹性。毒药外壳终于找到了自己的新位置。

"附赠的大苹果"

从植物学的角度来看，腰果的壳和花生壳倒属于同类，因为它们都是果皮。不过同花生干巴巴的果实不同，除了提供干香的种仁，每粒腰果还附赠了多汁"果肉"。

腰果附赠的果肉并没有包裹在果仁外面，而是长在了坚果的屁股上。这个被称为"腰果苹果"（Cashew apple）的东西实际上是被称为果托的结构，最初只是为花朵提供附着的位置，等花儿凋谢、种子长大后就变成个膨大的顶种子的结构。

这个被称为"腰果苹果"的东西，看起来倒更像是个大梨。它跟强悍的果壳有本质区别，柔软多汁、酸酸甜甜的特点让它就像是一个完美的水果，从营养上看也不差，不仅含有糖和维生素 C，还有丰富的 B 族维生素。在腰果的产地，"腰果苹果"是当作水果来销售的。在巴西，腰果汁是种十分受欢迎的饮料。

除了直接当水果，"腰果苹果"还可以化身美酒。在印度，人们会从"苹果"中榨取果汁，将果汁装在容器中，经过 3 天左右的发酵过程，再经过蒸馏就可以得到腰果酒了。在另外一些地方（如坦桑尼亚），"苹果"会被晒制成干，然后再用来酿制酒精含量极高的酒。据说腰果酒的口味还不错，只是不知道用腰果仁来配腰果酒，效果会如何。

腰果并不单单是个没有皮的简单坚果，所以当你下次吃腰果的时候，不妨想想它们的有毒硬壳，辛苦的去皮工人，还有顶着腰果的那个"大苹果"吧。

∞ 美食锦囊

如何挑选好腰果？

好的腰果外形呈月牙状，颜色是乳白色，看上去饱满，味道香浓，油脂丰富，有斑点。符合这些特点的才是好腰果。

吃腰果要适量

因为腰果里面含有草酸盐，可以被胃肠道吸收，可能诱发肾结石。有肾结石倾向的朋友吃腰果一定要适量，否则有可能加重病情。能不能吃，吃多少，还是听医生的建议。

保存腰果要阴凉

腰果中含有大量的脂肪，容易因为氧化而变质。所以那些享用不完的腰果，应存放于密封罐中，放入冰箱冷藏保存，或者可以把它们摆放在阴凉通风处。当然，尽快吃完是最好的选择。∞

樱 桃

* 好吃不补血

中国有句古话，叫樱桃好吃树难栽。20 多年前，我第一次接触樱桃的时候完全不理解其中的含义。一是因为根本就没有见过有人栽种樱桃树，二是因为第一口尝到的樱桃真的不好吃。那还是在舅舅的订婚宴上，第一次见到了樱桃做成的甜品。在雪白的奶油之上有一粒粒殷红的樱桃，那种红就像随时都会融化开来，于是避开大人的视线，迅速出手捞回一粒放入嘴中。酸，真的酸！酸之后感受到的就是些许砂糖和香精的味道。悄悄把核吐在一旁，从那时起，我知道了樱桃只有一粒核。

于是在很长时间里，我几乎放弃了对樱桃的念想。后来，畅游于金庸先生的武侠世界，看到巧手黄蓉为洪七公烹制的好逑汤，对樱桃的欲望再次从心底萌生。好逑汤的核心在于要用巧手摘去鲜樱桃的果核，并

*欧洲甜樱桃（*Prunus avium*），蔷薇科，李属。

*中国樱桃（*Prunus pseudocerasus*），蔷薇科，李属。

*毛樱桃（*Prunus tomentosa*），蔷薇科，李属。

殷红的小果。

且不能让樱桃肉四分五裂，然后填入鲜嫩的斑鸠肉馅，再加入事先熬好的老鸡汤。一碗漂着斑鸠樱桃肉丸的汤水就出现在了洪七公的面前。结果，洪七公毅然决然地将绝学传授给了郭靖。好述汤功不可没！樱桃功不可没！想来这樱桃不应该是酸的，否则纵然洪七公武功盖世，这牙口也受不了啊。

于是樱桃好不好吃一直是我心中的谜题。有一日在跟儿子一起畅嚼车厘子的时候，突然发现，这水果跟樱桃有点像，除了颜色深、个头大，完全就是樱桃的翻版啊。天啊，难道樱桃再次变身了？

中国樱桃野樱桃

在我看来，中国樱桃（不是市场上的车厘子）绝对是最性感的水果。殷红的小果，总是与美女的朱唇联系起来，况且采摘时间极短，恰似红颜易逝。不过，樱桃在《礼记·月令》中的名字可没有这么优雅，它们叫含桃（羞以含桃，先荐寝庙）。所谓含桃，也是因为个头小，鸟儿将果实含在嘴里，一吞而下。至于桃字，则是因为这些果实就像缩小的桃子。两者相应，就变成了含桃。至于樱桃这个名字，有人说是因为吃樱桃的都是鹦鸟，于是就有了樱桃之名。虽说栽培历史悠久，但中国樱桃自始至终都不是大宗水果，供应期短、柔软的果肉不易储存运输是它们的软肋，更不用提樱桃树难栽了。于是，很多中国樱桃都是以野生状态出现的。

在北京香山有一条樱桃沟。一听这名字，就让人浮想联翩——花开遍野，果满枝头，整个一尝鲜的好地方。于是，我在这样的想法的驱动下，于初夏时节去沟中寻找传说中的樱桃果。可是，这里的樱桃竟然是不带柄的，稀稀疏疏地挂在枝头，黄中带红的小果子酸中透着一丝微甜，若不是以好奇心当调料，还真难吃下去。后来，才知道，那不过是些叫毛樱桃的仿品。

后来，又有一种仿品遍布大街小巷。灿烂的樱花落后，有些树木挂上了小小的果子，但是那些果子不像樱桃那般嫩红，却是透出冷冷深紫。让人一看就放弃了品尝的欲望。当我第一次碰到深紫色的"车厘子"的时候，还以为有人发扬勤俭持家的精神，偷偷把公园里的樱花果都搞了过来。

当然，樱花果毕竟有限，中国樱桃的产量和储运都是软肋，于是樱桃真正要让人熟知，还需要借助外援，这个外援就是欧洲甜樱桃和酸樱桃。

甜樱桃酸樱桃

市场上大量出售的个头浑圆、色泽鲜红的樱桃通常就是欧洲甜樱桃了。这种樱桃的野生祖先遍布从西亚到欧洲的广大地区。实际上，欧洲甜樱桃的培育一点都不比中国樱桃晚。早在公元前 72 年，罗马的史官就记录了从波斯带回樱桃栽培的事儿。除了有迷人的外表之外，甜樱桃的身板也不错，较为紧实的果肉经得起长距离运输的折腾，单单这点就比只能树下尝鲜的中国樱桃强百倍了。只是不知道这种脆果子跟软软的斑鸠肉搭配，是不是能做成别具一格的"好逑汤"呢。

19 世纪 80 年代，欧洲甜樱桃登陆我国。最初是在山东烟台附近开始栽培，后来逐渐发展开来。不过，事物总有两面性，中国樱桃的软润口感又是欧洲樱桃无法比拟的。两者相较，欧洲甜樱桃还是获得了最终胜利，毕竟商业化大生产的便利才是制胜的法宝。

说到商业化便利，甜樱桃的兄弟酸樱桃更是有过之而无不及。虽然这种樱桃简直就是跟人的牙齿过不去，但是这并不妨碍它们在罐头界、果汁界的优异表现。稳定的外观和风味赋予了它们特殊的能力。想来，给我留下阴影的那颗樱桃就是经过加工处理的酸樱桃了。

至于新近火热的车厘子这个名字，应该是来源于樱桃"Cherries"的音译。一如蛇果来源于"Delicious"的音译"地厘蛇"一样。其实，车厘子就是欧洲甜樱桃的一个品种，紧实的果肉，充沛的水分，加上较大的个头都能说明它们的身份。

好营养都是虚构的吗？

我喜欢尝樱桃的鲜，但从来没有为樱桃的味道折服。清淡不及雪梨，浓烈不及芒果，果实软糯不及香蕉。古人对樱桃的推崇，大概在于樱桃的成熟期极短。仲春开花，到夏初时节就已经可以尝果了。这大概是人们经历寒冬之后，尝到的第一种新鲜水果。这种吸引力可想而知。

但是随着储藏和运输手段的发展，如今一年四季都不缺新鲜水果。于是，樱桃身上的标签也逐渐从应急变成了高营养。在营养中，尤其以"补铁补血"和"高维生素 C 含量"两大卖点最吸引人。于是，很多朋友会咬咬牙给亲人买回一些樱桃，孩子们更是会被特别关照。这种投资有意义吗？

樱桃那殷红的外表一下子就让人想到了充沛的血流，所以，樱桃通常被认为是补铁补血的好东西。可是，让人意想不到的是，樱桃的铁含量只有 0.36 毫克 /100 克，大白菜的都有 0.8 毫克 /100 克，更不用说猪肝的 22.6 毫克 /100 克了，所以补血更像是一个传说。除了没多少铁，目前也没有在樱桃中发现任何可以促进血液产生的物质。

可能有朋友说，不补铁没关系，补点维生素 C 总是好的吧。但实际情况是，樱桃中没多少维生素 C！其含量通常只有可怜的 7 ~ 9 毫克 /100 克，要知道，大白菜的维生素 C 含量还有 43 毫克 /100 克呢，青椒的含量更是高达 144 毫克 /100 克呢。

除了铁和维生素 C，樱桃中的糖、蛋白质、矿物质等营养都不突出，在水果中只能算是"大路货"——关于樱桃营养的传说轰然倒塌。那是不是我们就要完全舍弃樱桃了呢？

当然不是，樱桃还是有自己特别的用处，那就是好看、好吃。如今人们越来越在意各种食品的成分，似乎成分不好的就该从食谱上除名。我们恰恰忽略了，有些食物本身就是作为刺激人吃东西的角色存在的，樱桃恰是如此。樱桃的美妙滋味可能会让小朋友们爱上整个水果世界，不喜欢蛋糕的厌食朋友可能会被奶油顶端的那颗樱桃所吸引，这些难道不是樱桃的神奇功能吗？

冒名的针叶樱桃

有些朋友可能并不同意上述观点，"要知道，100 克针叶樱桃的维生素 C 含量可是有 1677.6 毫克。你怎么看？"这话确实是真的，针叶樱桃的维生素 C 含量确实极高。但是，针叶樱桃并不是一种樱桃！

我们通常吃的樱桃包括了上述的中国樱桃、毛樱桃、欧洲甜樱桃、酸樱桃和草原樱桃。针叶樱桃并不在此列，这是因为它根本就不是蔷薇科樱桃属的成员，它是金虎尾科金虎尾属凹缘金虎尾的果实，叫"樱桃"只是因为它们的长相与樱桃相近而已。它们的老家在南美，小名巴巴多斯樱桃、西印度樱桃，后两个名字都跟原产地有关系。目前，巴西后来居上，已经成为针叶樱桃最大的种植地。

虽然针叶樱桃的容颜一如樱桃那么性感，但是它们的味道确实不敢恭维，那种穿透性的酸简直不是鲜果应有的享受。据说有些栽培种的味道略甜，但是仅仅是个传说罢了。所以，针叶樱桃通常出现在加工产品之中。还是趁早打消吃针叶樱桃鲜果的想法吧。

樱桃好吃树难栽

樱桃树难栽种，并非虚言，这主要是它们的根系太娇气了。不管是中国樱桃还是欧洲甜樱桃都不耐旱，也不耐涝。在年降水量 600 ～ 800 毫米的地方才是大宗的欧洲甜樱桃的理想生活区，而酸樱桃和中国樱桃所需的水分稍少，只要 600 ～ 700 毫米就可以。稍有干旱就会引发落果、落叶的严重后果。

娇气的樱桃水少了不行，水多了也不行。另外，樱桃的根系喜欢大喘气，如果被水浸泡，根系就会窒息而死。碰上洪涝灾害，所有的努力就功亏一篑了。

即便是躲过了水旱之灾，还有根癌病这样的恶性病笼罩在樱桃头上。这种病害主要危及樱桃根的颈部，有时也会危及侧根。在患病早期，会出现白色或略带红褐色的癌乳瘤，随着病情的推进，患病部位内部木质化，颜色渐深变成深褐色，质地较硬，表面粗糙，并逐渐龟裂。患病的樱桃树会显得非常纤细，严重的就会发生死亡。

正是这种娇气，让樱桃颇为难得。

说到底，好看、好味道就是樱桃的资本，我们就不要纠结于有营养没营养了，就算补充点水分不也是好事一件吗？

带着儿子去采摘，儿子说："爸爸，樱桃真好吃！"

"好吃就好！"我这样回答。

∞ 美食锦囊

为什么有些樱桃是双生子?

在樱桃发芽发育期,如果遇到高温,在温度影响下就会出现双生子房的现象,最终就出现了两个果贴在一起长的现象。这并不是农药或者植物生长调节剂的后遗症,大可放心食用。∞

鸡蛋花

* 出身毒门的"友善"花朵

    人类是个奇特的物种，我们总会被美丽的东西所吸引，即便那东西是有毒的。更奇特的是，我们喜欢用"吃"这种原始的办法来检验这些物件儿的友善程度，即便吃下去有生命危险。还好，在数万年的演化历程中，已经有无数英勇的个体为我们检验了世界上存在的植物。在美丽的花朵面前，那种原始的欲望还是驱使我们去亲吻那种美丽，鸡蛋花就是这样的花朵。

    当我第一次在西双版纳看到这种花朵的时候，就被它的美丽吸引了。整个夏天都是鸡蛋花的表演时间，无数的白色花朵从绿叶中钻出来，简直就是一个大花束。当地的傣族姑娘们会把花朵别在耳边，一种热带风韵就从发丝间迸发出来。

*鸡蛋花（ *Plumeria rubra cv. Acutifolia* ）. 夹竹桃科. 鸡蛋花属。
花瓣外白内黄。

鸡蛋花，花如其名，花瓣外白内黄，就像煮到恰到好处的鸡蛋展示了自己柔嫩的内心。单看起来，就有一种吃下去的冲动。还好，这花朵还真的是能吃的——采摘新鲜的花朵，挂上鸡蛋面糊，下油锅炸至金黄，沾上椒盐就可以上桌了。平心而论，鸡蛋花的味道并不出彩，既没有桂花的甜香，也没有黄花菜的脆嫩，咀嚼之时，在口齿之间还有点淡淡的苦味儿，仅此而已。在品尝之时，想想它们在枝头的漂亮感觉，也许能弥补滋味的不足吧。

后来，我知道鸡蛋花还有其他的工作场所，那就是广式凉茶的罐子里。只可惜，大家都忽略了鸡蛋花的家族身份，它可是鼎鼎大名的夹竹桃科的成员。这样一说，那些伸向油炸鸡蛋花的筷子会不会突然一颤，而刚刚喝到嘴里的那口凉茶究竟还该不该咽下去呢？

夹竹桃家族的异类成员

去广州时发现，很多绿化带中都有鸡蛋花的身影。在广告宣传片中，鸡蛋花经常与东南亚的热带风情结合在一起，飘逸的长发，湛蓝的海水加上淡黄柔嫩的鸡蛋花，简直是绝美的旅行自拍照。可惜令人遗憾的是，这些鸡蛋花可不是原产亚洲的植物，它们来自遥远的美洲。正因为如此，我们国人跟鸡蛋花打交道的时间并不长。我国最早关于鸡蛋花的记载出现在清代道光年间的《植物名实图考》中。在那时，欧洲商人才把这种新大陆的植物带到亚洲。

通常我们看到的鸡蛋花有两种，一种是黄白两色极像鸡蛋的鸡蛋花，另一种是花瓣外侧为红色的红鸡蛋花。其实，我们真正用于食用的都是白色的鸡蛋花，红色的品种只是用于庭院的装饰。

我们仔细观察一朵鸡蛋花，就会发现，它们的花瓣是一瓣压在一瓣上面生长的，这种特殊的排列方式被称为覆瓦状排列，房顶的瓦片不就是这样排列在一起的嘛。其实，"花瓣裂片覆瓦状排列"是夹竹桃科植物一大特征。夹竹桃科植物还有另外一大特征就是，我们在摘下叶片或者花朵的时候，从"伤口"处会冒出白色的"乳汁"，这个时候一定要克制自己的冲动，千万不要因为好奇去舔，这些乳汁都是有毒的！

夹竹桃的狠招

我依稀记得 20 多年前，夹竹桃还是非常风光的植物，不管是校园的行道树，铁路沿线的防风带，还是庭院中的小盆栽，都有夹竹桃的身影。这些红色的花朵不仅耐涝耐旱，生命顽强，还极少生虫子，栽种起来省时省力，还能贡献美丽的花朵，怎能不让人喜爱呢？

可是过了一段时间，关于夹竹桃的负面新闻接踵而至，牛吃了夹竹桃叶中毒了，小孩因为舔夹竹桃的汁液中毒了，甚至有的说法是夹竹桃释放出的气体都能让人中毒，并引发癌症！一时间，夹竹桃变身杀手植物！

夹竹桃有毒不假，它们的毒性来源于体内众多的生物碱，其中又以欧夹竹桃苷的毒性最为明显。这种化学物质是针对心脏发挥作用的，它会影响心肌的收缩强度和频率，在低剂量时，可以起到促进收缩和提高血压的作用。但是随着剂量增加，就会引起血压下降，心率紊乱。再加上其中的洋地黄苷等生物碱，中毒者会表现出恶心、呕吐、食欲下降、腹痛、腹泻等症状，同时还有可能出现头晕、倦怠、指尖或口唇发麻、嗜睡、暂时性痴呆、紫斑等情况。剂量够大的时候，会引发死亡。

夹竹桃整个都是有毒的，花朵、叶子和树皮都有毒性。其中尤其以树皮的毒性为最。之前有报道显示，10～20 片夹竹桃叶就能对成人产生明显毒害。更麻烦的是，即便是在被砍、枯死之后，枝叶中仍然有很强的毒性，这正是夹竹桃的可怕之处。

即便是低剂量接触，如果时间过长，也会带来麻烦。山东潍坊医学院附属青州医院收治过一位病人，就是听信夹竹桃叶可以治疗癫痫，每天用 6 片夹竹桃叶煮水来喝，最终引发心率失常被送进了医院。

于是，夹竹桃一瞬间就被推到了大众健康的对立面。大批的夹竹桃被砍伐，庭院之中再也看不到夹竹桃的身影。那么，作为夹竹桃的同科植物，鸡蛋花是不是有同样的毒性？这添加了鸡蛋花的凉茶还能不能喝？吃鸡蛋花莫非是在玩命？

菜肴凉茶还能入口吗？

实际上，鸡蛋花的毒性远没有夹竹桃那么凶猛。虽然鸡蛋花中也含有一些生物碱，但是并没有像欧夹竹桃苷那样凶险的有毒物质，并且食用鸡蛋花的数量毕竟有限，所以到目前为止还鲜有因为食用鸡蛋花而中毒的报道。但是，这并不代表我们就可以对鸡蛋花掉以轻心了，因为鸡蛋花树皮分泌的乳汁所含生物碱的浓度更高，也更容易引起中毒，所以那些想跟鸡蛋花亲密接触的朋友们，还是不能掉以轻心。

与鲜食鸡蛋花相比，大多数朋友接触鸡蛋花的途径可能是广式凉茶。正如我们之前提到的，在我国，鸡蛋花是到清朝晚期才被记载的，而作为一种药用植物来使用，时间就更晚了。目前可查到，最早记载鸡蛋花药用的典籍就是《岭南采药录》，这已经是民国二十一年（1932）的作品。所以鸡蛋花根本算不上是什么传统中草药，不过加在鸡蛋花上的标签可不少——《广西本草选编》中说鸡蛋花可以"治痢疾、肠炎、急性支气管炎"；《福建草药志》中说鸡蛋花可以"主治腹泻、肝炎、咳嗽、小儿疳积，预防中暑"，可惜鸡蛋花与大家的希望相去甚远。即便是所谓的"清热利湿、祛暑止咳"的功效也是值得商榷的。

现在的成分分析认为鸡蛋花中的提取物，有抑制细菌生长和麻醉的作用，只可惜这些实验结果多半是从动物实验，甚至是体外培养试验中得出的。简言之，就是鸡蛋花并没有什么特殊的神奇功能。所以吃鸡蛋花的时候，能感受几分花朵融化在嘴里的风情就足够了。

不管如何，鸡蛋花中的生物碱都是相对温和的，只要不是贪食或者相信偏方大量食用，就不会对我们的健康造成损害。

至于有毒的夹竹桃，其实用对地方也可以物尽其用。

物尽其用的夹竹桃

夹竹桃中所含的欧夹竹桃苷不是只会作用于人类，而是对很多动物都有毒杀作用。这些年来，随着生物农药的呼声渐高，夹竹桃也进入了研究人员的视线。目前的研究主要集中在用夹竹桃毒杀以钉螺为代表的有害螺类。

身处北方的朋友可能对此不能理解，螺类也不会咬人，还能提供麻辣田螺这道好菜，我们为什么要花大力气来消灭它们呢？原因很简单，因为以钉螺为首的有害螺类会传播血吸虫等寄生虫病，在水田众多的广大南方地区，人们一直为这些疾病所困扰。

湖北大学生命科学学院等研究机构实验证明，浓度为0.1%的夹竹桃叶水浸出液就能有效杀灭钉螺。杀灭的原理不是让钉螺心脏衰竭，而是通过破坏钉螺的肝脏达到目的。美中不足的是，这种毒杀方式的起效比较慢，需要3～4天才能达到有效杀灭的目的，稍长于现有化学药剂的1～2天。这样看来，夹竹桃又有了新的岗位，即便是有毒的夹竹桃也有可爱的一面。

当然，研究者也表示，建立完善的农田生态系统才是真正解决问题的根本，这也是现代农业努力的方向。

芋头花

*麻舌头的尝鲜菜

有些菜是为了人的生存而存在的，比如大白菜和土豆，总会摆在人们的餐桌上，有了它们我们就可以挨过漫长的冬季；有的菜是为了告诉人们时节而生的，春天的香椿和竹笋，冬天的莲藕和马蹄，夏天的黄花菜，秋天的菱角，莫不如此；有些菜是为了尝鲜存在的，让人面对餐桌可以发出"哇"的一声惊叹。芋头花应该属于第三者。

在黄土高原还真难碰到芋头这种喜欢潮湿的作物。虽说成天都跟洋芋混在一起，可是大家都知道那不过是冒名的"山药蛋儿"而已。说起来也有意思，我第一次接触正宗的芋头制品，竟然就是芋头花，而所有的感觉竟然是从"痒"开始的。那还是在云南的姨外婆家里，第一次见到了这种奇怪的菜蔬——紫色的像腊肠一样的秆上，拖着一个火焰一样

*芋头（*Colocasia esculenta*），天南星科，芋属。
圆鼓鼓的球茎中塞满了淀粉。

的苞片，其实我们主要吃的就是那个秆了。勤快的我上手就要帮姨外婆择菜，于是开始试图扭掉咬不动的老秆，于是双手都沾满了芋头花的汁水。此刻，姨外婆把我支到一旁，嘱咐要好好洗手，我却不以为意。结果，午餐开饭时，就在大家为芋头花蒸茄子叫好的时候，我却在用手蹭着头发，双手正经历着一种不停不休、又深入骨头的痒，这就是我第一次尝到芋头花的味道。

后来，看到一部叫《宰相刘罗锅》的电视剧，于是惦记上了刘墉吃的荔浦芋头！再后来，在西南的时间越来越多，于是舌尖记录下了大芋头、小芋头、荔浦芋头、槟榔芋头，学乖的我总会老老实实地避开上面的黏液。不过，在很长一段时间里，我都很难把那种尝鲜的芋头花和这些粉面的芋头建立起联系。更有甚者，有一天我不得不吃了这种植物的叶子！于是，痒人的花，粉面的芋头，凑合吃的叶子拼凑出一个混乱的图画。

这些花，这些芋头和这些叶子究竟是不是一个东西？那些让人发痒的东西究竟是什么呢？

芋之正宗

芋头是中华大地土生土长的重要作物，早在战国时代的《管子》一书中就有对芋头的记载。考虑到写书的人居于北方，而当时的中国南部没有文字记录，我们甚至可以推想，人类吃芋头的时间要比这个记载长得多。

说起来，芋头是天南星科植物中少有的为人所食的种类，我们常见的此类植物或者为花（如红掌、马蹄莲）或者为药（如半夏、法夏之类），能满足人基本生存要求的也只有芋头了。《史记》中是这样描写芋头的："汶山之下，沃野下有蹲鸱，至死不饥。"注云："蹲鸱，芋也。言邛州临邛县其地肥又沃，平野有大芋等也。《华阳国志》云：汶山郡都安县有大芋如蹲鸱也。"好家伙，这芋头个头大得像大鸟，都可以让人至死不饥，长满芋头的地儿在古人眼中恐怕算得上是桃花源了。

芋头的特点就是在自家圆鼓鼓的球茎中塞满了淀粉，可想而知，我们的祖先怎么会放过这种高淀粉高热量的食物呢？我在肯尼亚的餐厅里，每餐都会碰到煮熟切块的大芋头，浇点咖喱牛肉酱汁，倒也别有一番风味儿。虽说比不上小麦、水稻、玉米这些谷物界的大腕，但是芋头确实为世界上 1% 的人口提供了维持生命所需的碳水化合物。

如今，市面上的芋头个头大小口味都不尽相同，但是它们确实都来源于芋（*Colocasia esculenta var. cormosus*）这个球茎用变种，只不过在建设自己球茎"仓库"的时候略有差别罢了。有的品种（魁芋类型）习惯修建大仓库，于是只有一个硕大的母芋头，这种芋头以荔浦芋头和台湾槟榔芋头为代表；有的品种（多子芋类型）喜欢建设小仓库，并且子芋要比母芋好吃，代表性的种类有白荷芋、红荷芋；而另外的一些品种（多头芋类型）干脆搞平均化，不论子母芋头长得都一样，广东的九面芋和江西的狗头芋头是其中的代表。

这些芋有白心的，有紫心的，还有紫白相间的槟榔心的。这些紫色都来源于花青素。如果要用紫色芋头（紫薯同理）做馅料制作甜品，务必要避免用碱，否则花青素在碱性条件下就会变成墨蓝色，让人大倒胃口。

不管长得如何，芋头中都有黏糊糊的汁液，也有能麻人口舌、痒人四肢的能力，那是当然，芋头们怎么肯轻易放弃自己辛辛苦苦积攒的淀粉呢？

麻舌头的秘密武器

芋头的秘密武器不在于那黏糊糊的让人不爽的汁液，而是汁液中让人发痒的物质——草酸钙针晶。草酸钙这个词大家可能并不陌生，曾经有一则流言就是关于草酸钙的——豆腐里面含有钙，而菠菜里面含有草酸，所以两者结合能形成草酸钙，会在我们体内形成结石。其实，形成草酸钙倒是不假。不过，不用惊慌。这种形成沉淀的草酸就不会再进入我们的血液，当然也不会跑到尿道里形成结石了。可是问题来了，为什么我们喝菠菜豆腐汤的时候没有感觉到麻嘴呢？那里面不是有草酸钙吗？其实，答案很简单，那是因为菠菜豆腐汤里的草酸钙同芋头中的草酸钙形态不同，芋头中的草酸钙会形成针状的晶体，正是这些晶体会刺激我们的皮肤和各种黏膜引起瘙痒，甚至是水肿。

不过，这并不能阻止老饕们的嘴巴。人类用蒸煮烤等热处理手段，成功驯服了芋头中的草酸钙针晶。并且顺势连难得一见的芋头花也被纳入了人类的菜谱之中。

顺便吃的花和叶

芋头开花并非常见的事情，我们吃的芋头花其实来自一种叫紫芋的植物（*Colocasia tonoimo*，有些人认为紫芋是栽培芋的祖先，而有些研究人员更认为紫芋本来就是一种芋。两者的明显差别在于紫芋的花葶是紫色的，而芋头的是绿色的）。更确切地说吃的是这种植物的花葶，至于真正的花在烹饪之前就被摘掉了。去除真正花的原因是里面的草酸钙针晶的含量甚高，如果不去除，自然是要麻嘴巴了。这点倒有点类似于吃新鲜黄花菜的时候要去除花蕊一样（因为含有高浓度的秋水仙碱）。

除去危险的部位之后，芋头花就成了美味的材料。将葱丝姜丝热油爆香，处理好的芋头花切段，然后混上切成条状的茄子下锅炒，待两者略软，就可以盛出来装盘上锅蒸软即可。口味重的最好配上云南产的昭通酱，那种麻辣鲜香的味道，绝对可以让你体验地道的云南风味。

有朋友会问，不用开花结果，那么多的芋头又是如何长出来的。这个不用担心，芋头有强大的克隆能力，也就是说春天种下一个芋头，秋天真的能收获不少芋头呢。这样的繁殖方式倒是跟原来的土豆有几分相似，所以土豆获得"洋芋"这个别名也是有道理的。

除了花，芋头的叶子也可以入菜。这可能是我碰到的最迫不得已吃的菜了。那还是在贵州西南做实验的时候，一个多月的时间里，几乎碰不到青菜，没有西红柿，没有土豆，连白菜都没有，但是面对每天只有大肉的餐桌着实痛苦，于是保护站院子里的几棵芋头就成了我们的救星。砍掉芋头的叶子摘去叶片，只留下肥厚的叶柄，再撕去叶柄的外皮，切段焯水就可以当火锅中的一道菜了。至于口味儿，就像是有点儿菜味儿的海绵，嚼在嘴里第一口还有点菜的感觉，再后来就是味同嚼蜡了。不论如何，芋头叶子也成了我科研生活的一段回忆，如果有机会，我还会再去尝这种特殊的蔬菜。

不能碰的海芋

有些鲜可尝，但是有些却是不能碰的，比如说跟芋头长得特别像的海芋（*Alocasia macrorrhiza*）。说起海芋，我们可能又有些陌生，但是它有另外一个我们熟悉的名字——滴水观音。这些植物经常顶着这个雅致的称号出现在花卉市场里。在夏日潮湿的清晨，我们就会看见滴滴晶莹的水珠从叶片边缘冒出来，"滴水观音"倒是名副其实。

有传闻说，千万不能触碰这些"滴出"的液体，否则会中毒。其实，植物吐水并非海芋的专利，西红柿的秧苗在水分充足的时候一样可以吐水。这些水滴中除了微量的矿物质和氨基酸，几乎都是水。所以，"水滴剧毒"只是个流言罢了。

不过，这并不意味着海芋是个善茬，我们绝对不能对它们掉以轻心。因为，这些植物体内的草酸钙针晶要比芋头里面的多得多！芋头中的毒素可以通过加热处理干净，但是海芋中的不能消除，稍不注意就会中招！

海芋与芋头不仅叶子相像，连球茎都相像，所以误食海芋的事件并不鲜见。2008 年 11 月，《厦门晚报》报道，当地有 5 位小朋友把海芋当成芋头烤来吃，结果嘴巴肿得像香肠，幸好抢救及时才脱离了危险。无独有偶，香港在 2013 年就有 10 起因误食海芋引发的事故，所以，尝鲜还是悠着点。

海芋和芋头在形象上极为相似，千万不要去山野中学习贝爷了，荒野求生是建立在强大顾问团队知识的基础上的，普通人还是不要冒险了。

那些冒名的芋

同芋头一样，魔芋（*Amorphophallus rivieri*）也是出现在餐桌上的常客，并且一度被奉为健康灵药、减肥圣品，说起来就像真的有魔力一样。第一次在野外看到魔芋的植株真的感觉有点魔幻，大多数植株只有一片伞状叶子，叶柄上面还有迷彩花纹。它们像芋头一样的块茎埋在土层之下等待人们去发掘。

说起来，魔芋跟芋头还是表亲，它们同属天南星科的植物，只是魔芋并不像芋头那样整块出现在我们的餐桌之上，而是已经被加工成了各种制品——魔芋豆腐、魔芋粉丝、魔芋结等。不管是哪种制品，咬在嘴里的第一感觉就是，这东西真的不是肥肉吗？它们还真的不是肥肉，并且跟肥肉的成分完全不同。魔芋制品中所含的主要成分是魔芋多糖，跟海带的成分倒是接近，这类物质很难被我们消化吸收，在带来一定的饱腹感的同时，还能刺激肠胃蠕动，所以把它们当作减肥食品倒也合适。只是，每天都面对一堆大肥肉口感的魔芋，相信减肥的朋友也会受不了的。

除了芋头、魔芋、芋头花，我们生活中还活跃着一种叫香芋的植物。除了名气最大的洋芋（土豆），香芋（*Dioscorea alata*）大概是排名第二的植物了。香芋味儿的冰激凌、香芋味儿的派，都是甜品圈的宠儿。只是香芋并非是有香味儿的芋头，从分类上来说，它们跟芋头根本不搭边，倒是跟铁棍山药是一家子——同属于薯蓣科的植物。香芋只适合生活在湿热的热带区域，东南亚是其主要产区，在我国大部分地区并不多见。

另外需要说明的是，香芋本身就是紫色的，香味儿也源于自身。粉嫩的质地，特殊的香气，加上天然的紫色，天生就是为甜品准备的。还是要提醒一下，要想维持靓丽的色彩，就千万不要放碱面！

不可否认，人类总有一种好奇的精神，这种精神也同时表现在餐桌之上。正是这种精神，让人类成为地球上迄今为止最成功的物种。但是，如果不顾前人的经验，任意扩散好奇心的话，那就不是好奇，而是无知了。尝鲜也要适度。

图书在版编目（CIP）数据

　植物学家的筷子和银针 / 史军著 . — 北京：中国
友谊出版公司，2017.12
　ISBN 978-7-5057-4266-6

　Ⅰ . ①植… Ⅱ . ①史… Ⅲ . ①植物学 – 普及读物
Ⅳ . ① Q94-49

中国版本图书馆 CIP 数据核字 (2017) 第 320055 号

书名	植物学家的筷子和银针
作者	史军
出版	中国友谊出版公司
发行	中国友谊出版公司
经销	新华书店
印刷	北京盛通印刷股份有限公司
规格	700×980 毫米 16 开
	17.75 印张　240 千字
版次	2018 年 3 月第 1 版
印次	2018 年 3 月第 1 次印刷
书号	ISBN 978-7-5057-4266-6
定价	52.00 元
地址	北京市朝阳区西坝河南里 17 号楼
邮编	100028
电话	（010）64668676

如发现图书质量问题，可联系调换。质量投诉电话：010-82069336